科学。奥妙无穷 ▶

电器·小百科

DIANQIXIAOBAIKE

孙炎辉 编著

北方妇女儿童出版社

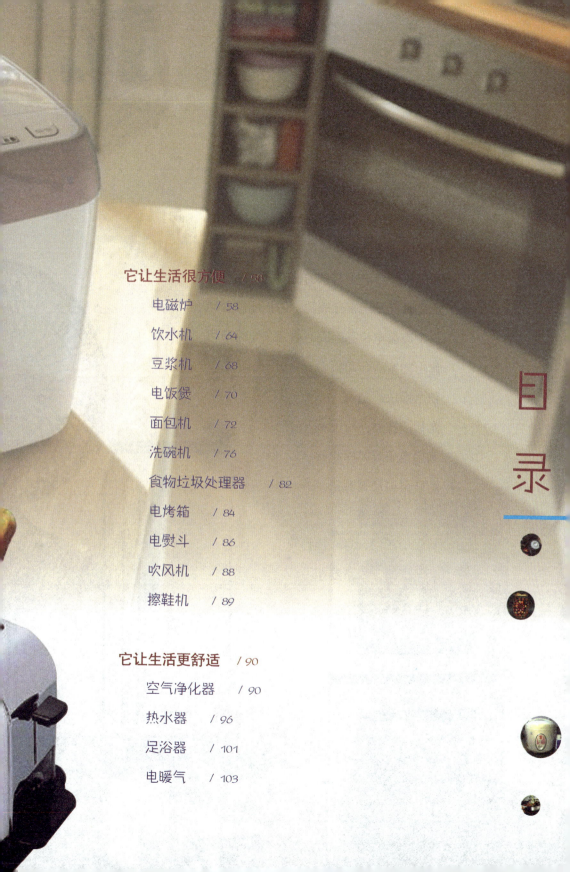

目 录

它让生活具创意 / 104

目 录

家用电器使人们从繁重、琐碎、费时的家务劳动中解放出来，为人类创造了更为舒适优美、更有利于身心健康的生活和工作环境，提供了丰富多彩的文化娱乐条件，已成为现代家庭生活的必需品。家用电器问世已有近百年历史，美国被认为是家用电器的发祥地。家用电器的范围，各国不尽相同，而随着科技的发展，电器家族的成员也与日俱增，创意更是令人称奇。

● 电器家族

电器泛指所有用电的器具，从专业角度上来讲，主要指用于对电路进行接通、分断，对电路参数进行变换，以实现对电路或用电设备的控制、调节、切换、检测和保护等作用的电工装置、设备和元件。但现在这一名词已经广泛地扩展到民用角度，从普通民众的角度来讲，主要是指家庭常用的一些为生活提供便利的用电设备，如电视机、空调、冰箱、洗衣机及各种小家电等等。电器是总称，电是指：交流电、直流电、高压电、低压电。

8

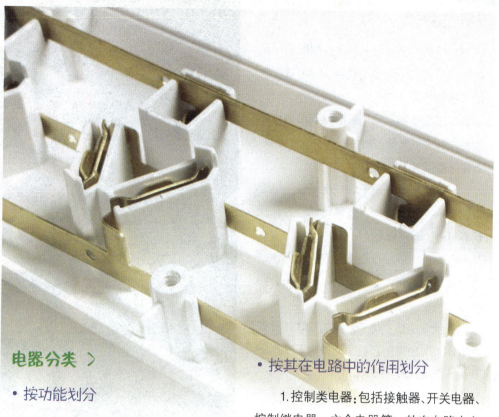

电器分类 〉

• 按功能划分

主要包括以下 5 类：

1. 用于接通和分断电路的电器，如接触器、刀开关、负荷开关、隔离开关、断路器等。

2. 用于控制电路的电器，如电磁启动器、自耦减压启动器、变阻器、控制继电器等。

3. 用于切换电路的电器，如转换开关、主令电器等。

4. 用于检测电路系数的电器，如互感器、传感器等。

5. 用于保护电路的电器，如熔断器、断路器、避雷器等。

• 按其在电路中的作用划分

1. 控制类电器：包括接触器、开关电器、控制继电器、主令电器等。其在电路中主要起控制、转换作用。

2. 保护类电器：包括熔断器、热继电器、过电流继电器、欠压继电器、过电压继电器等，其在电路中起保护作用。

• 按动作原理分类

1. 手动电器：用手或依靠机械力进行操作的电器，如手动开关、控制按钮、行程开关等主令电器。

2. 自动电器：借助于电磁力或某个物理量的变化自动进行操作的电器，如接触器、各种类型的继电器、电磁阀等。

电器小百科

• 按用途分类

1. 控制电器：用于各种控制电路和控制系统的电器，例如接触器、继电器、电动机启动器等。

2. 主令电器：用于自动控制系统中发送动作指令的电器，例如按钮、行程开关、万能转换开关等。

3. 保护电器：用于保护电路及用电设备的电器，如熔断器、热继电器、各种保护继电器、避雷器等。

4. 执行电器：指用于完成某种动作或传动功能的电器，如电磁铁、电磁离合器等。

5. 配电电器：用于电能的输送和分配的电器，例如高压断路器、隔离开关、刀开关、自动空气开关等。

• 按工作原理分类

1. 电磁式电器：依据电磁感应原理来工作，如接触器、各种类型的电磁式继电器等。

2. 非电量控制电器：依靠外力或某种非电物理量的变化而动作的电器，如刀开关、行程开关、按钮、速度继电器、温度继电器等。

- 低压电器按其功能分

1. 开关电器：接通和分断电路并有一定通断能力的电器，如转换开关、启动器等。

2. 熔断器：分断过载或短路状态下电路的电器，如高分断能力熔断器、自复熔断器等。

3. 继电器：用于控制和保护的电器。

4. 电阻器和变阻器：改变电路参数或将电能转换为热能的电器，如启动电阻、调节电阻和启动变阻器、励磁变阻器等。

5. 调节器：使电路中某些量保持不变或使其按预定方式变化的电器。

6. 电磁铁。

- 高压电器按其功能分

1. 开关电器：主要有高压断路器、高压隔离开关、高压熔断器、高压负荷开关和接地短路器。高压断路器用于接通或分断空载、正常负载或短路故障状态下的电路。高压隔离开关用于将带电的高压电工设备与电源隔离，一般只具有分合空载电路的能力。高压熔断器用于分断过载或短路状态下的电路。高压负荷开关用于接通或分断空载、正常负载和过载状态下的电路，通常与高压熔断器配合使用。接地短路器用于将高压线路人为地造成对地短路。

2. 限制电器：主要包括电抗器、避雷器。

3. 变换电器：又称互感器。

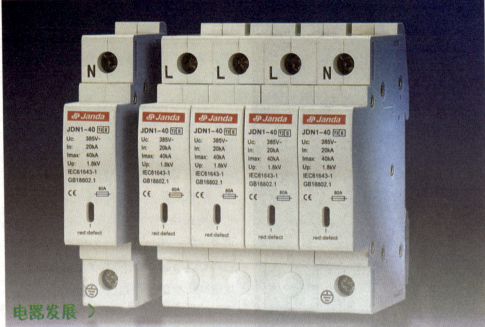

电器发展 〉

　　最早的电器是18世纪物理学家研究电与磁现象时使用的刀开关。19世纪后期，由于电能的应用陆续推向社会，各种电器也相继问世。但这一时期的电器容量小，属于手动式。电路的保护主要采用熔断器（俗称保险丝）。20世纪以来，由于电能的应用在社会生产和人类生活中显示出巨大的优越性，并迅速普及，适应各种不同要求的电器也不断出现。大的有电力系统中所用的二三层楼高的超高压断路器，小的有普通家用开关。近百年来，电器发展的总趋势是容量增大，传输电压增高，自动化程度提高。例如，开关电器由20世纪初采用空气或变压器油做灭弧介质，经过多油式、少油式、压缩空气式，发展到利用真空做灭弧介质和六氟化硫做灭弧介质的断路器，其开断容量从初期的 20~30千安到20世纪80年代中后期达80~100千安，工作电压提高到765~1150千伏。又如，20世纪60年代出现晶体管时间继电器、接近开关、晶闸管开关等；70年代后，出现了机电一体化的智能型电器，以及六氟化硫全封闭组合电器等。这些电器的出现与电工新材料、电工制造新技术、新工艺相互依赖、相互促进，适应了整个电力工业和社会电气化不断发展的要求。

小家电 ＞

小家电一般是指除了大功率输出的电器以外的家电，一般这些小家电都占用比较小的电力资源，或者机身体积也比较小，所以称为小家电。

按照小家电的使用功能，可以将其分为4类：

• 厨房小·家电产品

主要包括豆浆机、电热水壶、微波炉、电压力煲、豆芽机、抽油烟机、电磁炉、电饭煲、电饼铛、烤饼机、消毒碗柜、榨汁机、多功能食品加工机等。

• 家居家电产品

主要包括电风扇、空调、电视机、音响、吸尘器、电暖气、加湿器、空气清新器、饮水机、电动晾衣机等。

• 个人生活小·家电产品

主要包括电吹风、电动剃须刀、电熨斗、电动牙刷、电子美容仪、电子按摩器等。

• 个人使用数码产品

主要有 MP3、MP4、电子词典、掌上学习机、游戏机、数码相机、数码摄像机等等。

小家电也可以被称为软家电，是提高人们生活质量的家电产品，例如目前被市场很认可的豆浆机、电磁炉、加湿器、空气清新器、消毒碗柜、榨汁机、多功能食品加工机、电子美容仪、电子按摩器等都是提高生活质量、追求生活品质的家电。

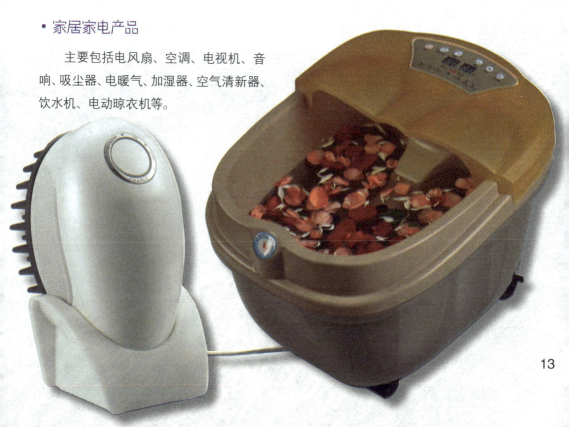

13

● 颜色电器

米色家电 〉

　　米色家电指电脑信息产品。

　　在国外通常把家电分为4类：白色家电、黑色家电、米色家电和新兴的绿色家电。白色家电指可以替代人们进行家务劳动的产品，包括洗衣机、冰箱等，或者是为人们提供更高生活环境质量的产品，像空调、电暖气；黑色家电是指可提供娱乐的产品，像彩电、音响、游戏机等；米色家电指电脑信息产品；绿色家电，指在质量合格的前提下，可以高效使用且节约能源的产品，绿色家电在使用过程中不对人体和周围环境造成伤害，在报废后还可以回收利用。

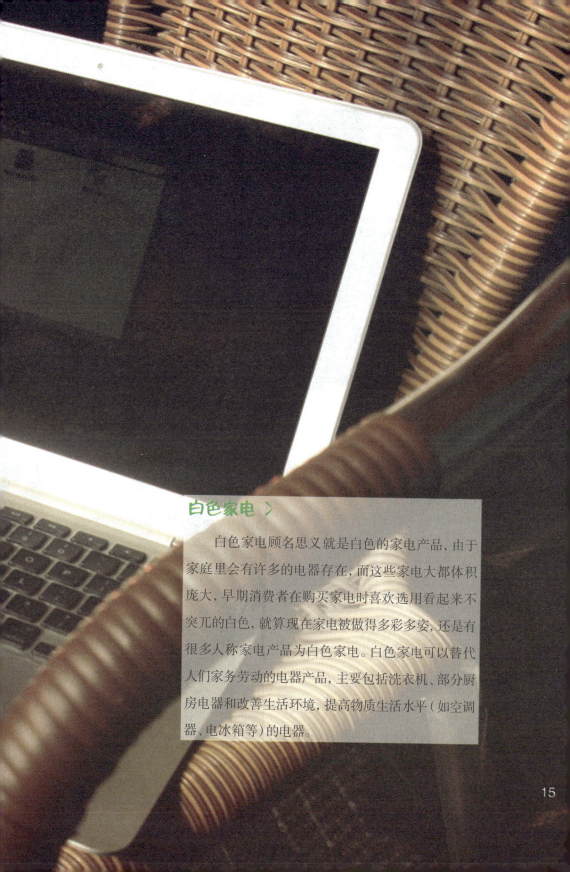

白色家电 ⟩

　　白色家电顾名思义就是白色的家电产品，由于家庭里会有许多的电器存在，而这些家电大都体积庞大，早期消费者在购买家电时喜欢选用看起来不突兀的白色，就算现在家电被做得多彩多姿，还是有很多人称家电产品为白色家电。白色家电可以替代人们家务劳动的电器产品，主要包括洗衣机、部分厨房电器和改善生活环境，提高物质生活水平（如空调器、电冰箱等）的电器。

绿色家电 〉

绿色家电指在质量合格的前提下，高效节能且在使用过程中不对人体和周围环境造成伤害，在报废后还可以回收利用的家电产品。

我国目前的家电尚不能称为绿色家电。所谓低噪声、低辐射的家电也不是对人健康无危害。至于报废家电回收利用问题更谈不上，现在尚无一家专业家电废弃物综合处理厂，原因不仅在于国家没有相关法规，而且企业也没有成熟的处理技术。由此可见绿色家电现时还不能反映其本质，因此在使用家电时人们要注意保护自己的健康。

黑色家电 〉

黑色家电最早来源于采用珑管显示屏的电视机，最外面有一圈黑色的边缘，黑褐色的外壳最不容易让消费者产生视觉反差，同时采用黑色的机身更容易散发热量，之后电视及其周边设备如家用游戏机、录像机等也由于散热以及与电视产品搭配等原因也被设计成黑色。于是人们就开始把能够带给人们娱乐、休闲的家电称为黑色家电。从其技术本身来讲，黑色家电更多的是通过电子元器件、电路板等将电能转化为声音或者图像或者其他能够给人们的感官神经带来享受的产品。

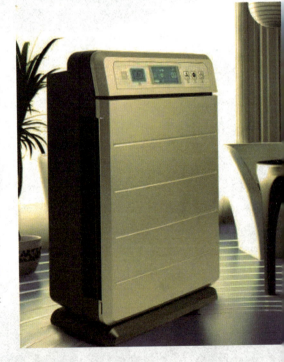

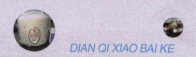

中国家用电器协会

中国家用电器协会成立于 1988 年 12 月，英译名 China Household Electrical Appliances Association，简称 CHEAA。是由在中国登记注册的家用电器行业的制造商企业、零配件和原材料配套企业、科研机构和院校等自愿组成的自律性、非营利性的社会经济组织，是社会团体法人。受业务主管部门国务院国有资产管理委员会、中国轻工业联合会和社团登记管理机关民政部的业务指导和监督管理。

中国家用电器协会的宗旨是在遵守国家宪法、法律、法规的前提下，维护行业共同利益，维护会员合法权益，维护公平竞争与市场秩序，为会员、行业和政府服务，促进家用电器产业的健康和持续发展。

协会会员单位生产涉及的产品主要有家用制冷器具及压缩机；家用空调及压缩机；厨房器具，包括家用电热蒸煮、烘烤、煎炒器具，电热水器及饮料加热器具，家用饮水处理器，家用电灶（含微波炉、电磁灶等），家用食品制备器具，家用食品清洁器具及其他器具；清洁卫生器具，包括洗衣机、干衣机、吸尘器等其他家用清洁卫生器具；熨烫器具；整容器具；通风器具；取暖器具；保健器具；家用电器专用配件，包括家用电器专用电机、温控器、蒸发器、冷凝器、程控器等。

● 电器鼻祖

白炽灯 〉

　　19世纪后半叶，人们开始试制用电流加热真空中灯丝的白炽电灯泡。1879年，美国的T.A.爱迪生制成了碳化纤维（即碳丝）白炽灯，率先将电光源送入家庭。1907年，A.贾斯脱发明拉制钨丝，制成钨丝白炽灯。随后不久，美国的I.朗缪尔发明螺旋钨丝，并在玻壳内充入氮，以抑制钨丝的挥发。1915年发展到充入氩氮混合气。1912年，日本的三浦顺一为使灯丝和气体的接触面尽量减小，将钨丝从单螺旋发展成双螺旋，发光效率有很大提高。1935年，法国的A.克洛德在灯泡

内充入氪气、氙气，进一步提高了发光效率。1959年，美国在白炽灯的基础上发展了体积和光衰极小的卤钨灯。白炽灯的发展史是提高灯泡发光效率的历史。白炽灯生产的效率也提高得很快。20世纪80年代，普通白炽灯高速生产线的产量已达8000只/小时，并已采用计算机进行质量控制。

• 特点介绍

　　紧凑型荧光灯售价约是白炽灯泡的 10 倍，但寿命是后者的 6 倍，而且同等亮度的产品，荧光灯耗电量不足白炽灯泡的 1/4。随着新产品的不断出现，新型光源也不断诞生，譬如 LED 发光二极管，是一种半导体固体发光器件，被称为第四代照明光源或绿色光源，具有节能、环保、寿命长、体积小等特点，使用寿命可达 6 万到 10 万小时，比传统光源寿命长 10 倍以上；电光功率转换可超过 10%，相同照明效果比传统光源节能 80% 以上。

　　人类使用白炽灯泡已有 100 多年的历史了。提起白炽灯泡，人们必然会联想起爱迪生。实际上早在爱迪生之前，英国电技工程师斯旺从 19 世纪 40 年代末即开始进行电灯的研究。经过近 30 年的努力，斯旺最终找到了适于做灯丝的碳丝。

　　白炽灯的光源小、便宜。具有种类极多的灯罩形式，并配有轻便灯架、顶棚和墙上的安装用具和隐蔽装置。通用性大，彩色品种多。具有定向、散射、漫射等多种形式。能用于加强物体立体感。

　　白炽灯的色光最接近于太阳光色。

• 白炽灯为什么会被淘汰

　　国家大力推广节能灯，节能灯相比白炽灯有着怎样的优点？与传统照明灯具相比，节能灯有着不可比拟的优势，几乎综合了各种传统光源的优点，适用于各种传统光源的应用领域。具有发热量低、耗电量少（白炽灯的 1/8，荧光灯的 1/2）、寿命长（长达数万小时，比传统灯高 3~10 倍）、显色好、反应速度快、无闪频、不伤眼、体积小、可平面封装、产品轻薄短小等优点。中国是照明产品生产和消费大国，节能灯、白炽灯的产量居世界首位。据测算，中国照明用电约占全社会用电量的 12%，如果采用高效照明产品替代白炽灯，节能减排的潜力巨大。以家庭为单位，一个 60 瓦的白炽灯泡产生的照明能够大致满足家庭生活的话，而用一个 11 瓦的节能灯可以满足同样的照明，但是如果换成更高技术的 LED，大概仅需要 3.5 瓦，最多是 4 瓦。一个是 4 瓦，一个是 60 瓦，如果把白炽灯全部换成 LED，可能只需付 1/15 的电费就够了。虽然 LED 灯泡还是比较贵的，但是它的寿命也非常长，可以用几万小时，在几万小时这么漫长的过程中，一个灯泡可能就节约出小山一样的煤炭来。

电器小百科

▶ 各国白炽灯禁用（禁售）时间表

澳大利亚

2009 年停止生产，2010 年起逐步禁止使用传统的白炽灯。澳大利亚是世界上第一个全面禁止使用传统白炽灯的国家。禁止使用传统的白炽灯后，代之以更加节能的日光灯等节能灯具。这是澳大利亚倡议的减排温室气体以阻止全球气候变暖的措施之一。

加拿大

加拿大于 2012 年开始禁止销售白炽灯。加拿大是继澳大利亚后第二个宣布禁用白炽灯的国家。

日本

2012 年起日本全面禁止使用白炽灯。专家预计，该禁令将使荧光灯、紧凑型荧光灯的使用数量大幅增加，并最终随着 LED 效率的提高以及成本的降低，增加 LED 照明的需求。

美国

2012 年 1 月到 2014 年 1 月。大多数白炽灯泡将于 2014 年在美国市场上禁止销售。2007 能源独立和安全法案规定：从 2012 年 1 月到 2014 年 1 月间，美国要逐步淘汰

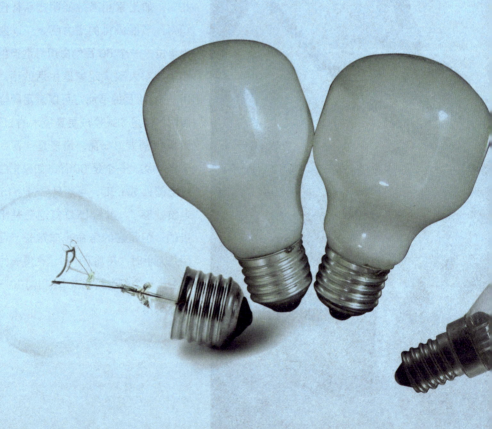

40W、60W、75W 及 100W 白炽灯泡，以节能灯泡取代替换。

中国

为加快推进节能减排，逐步淘汰白炽灯，加快推广节能灯，国家发改委与联合国开发计划署（UNDP）、全球环境基金（GEF）合作共同开展了"中国逐步淘汰白炽灯、加快推广节能灯"项目，支持研究编制《中国逐步淘汰白炽灯、加快推广节能灯行动计划》。另外，我国台湾省 2012 年全面禁产，饭店、医院甚至一般住家等已全面禁用传统的白炽灯。

韩国

据韩国第四次能源利用合理化基本计划，阶段性地调高光能源仅占 5% 而热散发量高达 95% 的白炽灯的最低能耗标准，并在 2013 年底前予以淘汰。

欧盟各国

欧盟将于 2009 年 9 月起禁止销售 100 瓦传统灯泡，2012 年起禁用所有瓦数的传统灯泡。英国时任首相布朗 2007 年也宣布英国将一体遵行，改用省电日光灯。2008 年，零售商开始停卖 150 瓦灯泡，2009 年停卖 60 瓦灯泡。自愿停售期到 2012 年结束，如今政府已颁布惩罚规则。

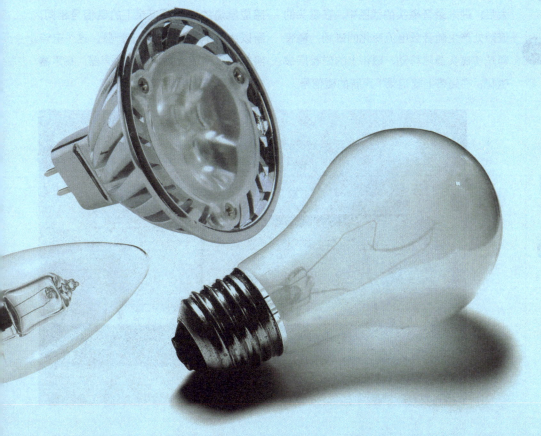

23

录音机 〉

录音机是把声音记录下来以便重放的机器，它以硬磁性材料为载体，利用磁性材料的剩磁特性将声音信号记录在载体，一般都具有重放功能。家用录音机大多为盒式磁带录音机。

• 录音原理

磁带录音机主要由机内话筒、磁带、录放磁头、放大电路、扬声器、传动机构等部分组成。

录音时，声音使话筒中产生随声音而变化的感应电流，音频电流经放大电路放大后，进入录音磁头的线圈中，在磁头的缝隙处产生随音频电流变化的磁场。磁带紧贴着磁头缝隙移动，磁带上的磁粉层被磁化，在磁带上就记录下声音的磁信号。

放音是录音的逆过程，放音时，磁带紧贴着放音磁头的缝隙通过，磁带上变化的磁场使放音磁头线圈中产生感应电流，感应电流的变化跟记录下的磁信号相同，所以线圈中产生的是电流音频，这个电流经放大电路放大后，送到扬声器，扬声器把音频电流还原成声音。

• 录音机发展历史

早先的录音机叫留声机，诞生于1877年，是誉满全球的发明大王——爱迪生制造的。爱迪生利用电话传话器里的膜板随着说话声会引起震动的现象，拿短针作了试验，从中得到很大的启发。说话的快慢高低能使短针产生相应的不同颤动。那么，反过来，这种颤动也一定能发出原先的说话声音。于是，他开始研究声音重发的问题。1877年8月15日，爱迪生让助手克瑞西按图样制出一台由大圆筒、曲柄、受话机和膜板组成的怪机器。爱迪生指着这台怪机器对助手说："这是一台会说话的机器"，他取出一张锡箔，卷在刻有螺旋槽纹的金属圆筒上，让针的一头轻擦着锡箔转动，另一头和受话机连接。爱迪生摇动曲柄，对着受话机唱起了："玛丽有只小羊羔，雪球儿似一身毛……"唱完后，把针又放回原处，轻悠悠地再摇动曲柄。接着，机器不紧不慢、一圈又一圈地转动着，唱起了"玛丽有只小羊羔……"，与刚才爱迪生唱的一模一样。在旁的助手们，碰到一架会说话的机器，都惊讶得说不出话来。

"会说话的机器"诞生的消息轰动了全世界。1877年12月，爱迪生公开表演了留声机，外界舆论马上把他誉为"科学界的拿破仑"，是19世纪最引人振奋的三大发明之一。即将开幕的巴黎世界博览会立即把它作为时新展品展出。就连当时美国总统海斯也在留声机旁驻足了2个多小时。

10 年后，爱迪生又把留声机上的大圆筒和小曲柄改进成类似时钟发条的装置，由马达带动一个薄薄的蜡制大圆盘转动的式样，留声机才广为普及。

在录音机广泛普及的过程中起关键作用的是美国的无线电爱好者马文·卡姆拉斯。他在研究录音信号受损的问题时产生了这样一个念头：钢丝表层的磁性总是一样的，如果能在钢丝的表层均匀地录下声音，不就可以得到均匀的声音信号了吗？当时的录音机原理是用一根金属指针作记录针去接触钢丝表面，这样，只有在两者接触处的钢丝才被磁化，因此产生了录音不均衡的现象。卡姆拉斯想用一个磁头去改良它，即用一个完整的磁性圈作为磁头，把钢丝穿过磁性圈并使两者之间保持相等距离，然后利用钢丝周围的空气间隔进行录音。与前者相比，卡姆拉斯的改进在于在录音过程中利用空气间隙代替金属指针，避免了磁信号的破坏。

录音机的真正流行和实际应用还是在发明磁带以后。1935 年德国科学家老耶玛发明了代替钢丝的磁带。这种磁带是以纸带和塑料袋作为带基。带基上涂了一种叫四氧化三铁的铁性粉末，并用化学胶体粘在一起。这种磁带不但重量非常轻，而且有韧性，便于剪切。随后，福劳耶玛又将铁粉涂在纸袋上代替钢丝和钢带，并于1936 年获得成功。纸带价格便宜，携带方便，被人们认同和接受。

圆盘留声机发明人埃米尔·伯利纳同一年到美国设厂生产机器，波尔森也想跟进，但资金不足，最后工厂落入商人查尔斯·鲁德手中。有生意头脑的鲁德以录话机录制美国总统的谈话，又协助纽约警方侦破黑社会谋杀案，使得录话机声名大噪。德国海军通过丹麦买了几部录话机用在船舰上，第一次世界大战期间他们就用来记录莫尔斯密码，导致美国运兵船被德国击沉，战后鲁德被以叛国罪起诉，直到他九十几岁去世前仍纠缠于诉讼中，这是录音机史上的一段"间谍外传"。

• 磁性录音

1936 年英国指挥家毕勒爵士率领伦敦爱乐乐团访问德国，应巴斯夫公司邀请，11 月 19 日在该公司路德维希港的大礼堂中进行了一场演奏，曲目包括莫扎特《第 39 号交响曲》等，这是音乐史上第一次大型的磁性录音；在大西洋彼岸，指挥家史托考夫斯基 1931 年的立体声实验录音，以及同年 RCA 示范的 $33\frac{1}{3}$ 转长时间录音，都还是直接将声音刻在蜡盘上。美国人也进行磁性录音研究，像是马文·卡姆拉斯把交流偏压技术引进钢丝录音机，使其频宽与杂音都达到可收录音乐的水平。另一家布拉什公司也发展出录音带，他们委请 3M 制造一种有光滑表面，厚度为千分之三英寸的薄胶带，柔软防潮，在上面可涂布磁性铁粉。这些规格后来持续

用了 30 年，不过布拉什所设计的录音机 Soundmirror 却没有形成气候。

二战期间，德国广播电台已经开始大量运用磁带录音机，播出重要军事将领的录音，美国人常搞不清楚为什么希特勒可以同时出现在好几个地方。直到二战后，终于诞生了第一台可供录音室用的美国磁带录音机。不过在推销时却遭遇了一些困难，马林想到请天王巨星平克劳斯贝所主持的广播节目试用。1947 年夏天，安倍公司提供的录音机派上用场，平克劳斯贝对于剪接方便的磁带录音机非常满意，于是预定秋天起都改用磁带录音机。不过工程人员心里怕怕的，把磁带的内容又在唱片上刻了一次，再以唱片播出，如此持续了半年多，没想到这居然是后来音乐唱片制作的标准模式。

• 匣式录音机的出现

安倍公司的录音机是使用录音带的全部宽度，单方向录一次，每次录完后就要回卷，这样的方式称为全轨式（Full Track）。不久就出现了每次只用磁带一半宽度的半轨式录音机，录完后相反的方向可再录 次，时间也增加了一倍。既然可以用两轨，就可以录两种不同的讯号，1949年美国的马格奈可德公司就开发出一种双轨式的立体声录音机，比第一张商用的立体声唱片足足早了近10年。有了立体声录音机之后，1952年纽约的交响乐广播电台开始立体声的FM广播，1954年Audiosphere也发行了第一卷商业性的立体声录音带，音响世界正式进入立体声时代，并间接推动了立体声唱片的发展。安倍公司则在磁带录音的基础上，1953年成功开发出彩色录像机，此后20年间独霸市场。

从这时开始，磁带录音机进入战国时代，也进入一般美国家庭中。盘式录音机效果虽好，要让一个老爷爷把磁带东绕西拐地穿过许多滚轮，正确安装完毕，也不太容易，后来克里夫兰一位发明家乔治·伊什就把一个五英寸的盘带装到塑料盒中，再加上一些压轮与导杆，使它很容易就能使用，即使在颠簸的汽车中也能不受影响，伊什这项发明就是我们所说的"匣式录音带"。伊什最初遭遇的困难是时间太短，只有30分钟，后来经过不断改良，才能录下1个小时的音乐。1963年穆茨伯爵进一步改良伊什的设计，大量用于汽车、轮船之上。此外，穆茨在匣式录音机中使用了四声轨的录音头，原本是要延长播放时间，后来却意外地成为四声道音响的优良储存设备，一直到20世纪70年代末期，称为菲德里派克的匣式放音机。

• 卡式录音机的发展方向

卡式录音机往后发展就围绕在磁头的精密度与材质变化、录音带磁化物的改善，以及杂音抑制技术等方向打转了。例如日本雅佳所发展的玻璃磁头，以耐磨性好著称；日本中道开发的精密磁头，第一次达到普通带也有 20Hz–20KHz 的频宽。录音带也以二氧化铬取代了常用的氧化铁，甚至有用钴、镍等作为感磁物的录音带。杂音抑制系统则从 Dolby B、C 进步到 Pro HX，动态与频宽都很令人满意，欣赏最高级的卡式录音带，几乎有 LP 唱片的感受，这是数字录音机所欠缺的。

数字录音机以数码录音带打头阵，它的工作原理与录像机差不多，都是以高速旋转的磁头在磁带上记录讯号，它可以说是录音机发展史上最大的突破。无奈数码录音带效果太好了，即使加上防拷贝装置，所有的软件厂商仍然害怕它会造成盗版音乐泛滥，因此极力抵制，最后使数码录音带只能留在录音室里为少数人服务。

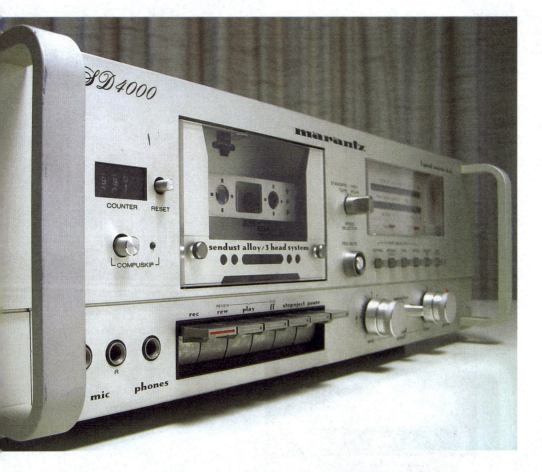

空调 〉

　　空调即空气调节器。挂式空调是一种用于给空间区域（一般为密闭）提供处理空气温度变化的机组。它的功能是对该房间（或封闭空间、区域）内空气的温度、湿度、洁净度和空气流速等参数进行调节，以满足人体舒适或工艺过程的要求。

• 发展历史

公元前 1000 年左右，波斯已发明一种古式的空气调节系统，利用装置于屋顶的风杆，以外面的自然风穿过凉水并吹入室内，令室内的人感到凉快。

19 世纪，英国科学家及发明家麦可·法拉第，发现压缩及液化某种气体可以将空气冷冻，此现象出现液化氨气蒸发时，当时其意念仍流于理论化。

1842 年，美国佛罗里达州医生约翰·哥里在落成的新大楼中设计了有中央空调。一名新泽西州的工程师阿尔弗莱德·沃尔夫协助设计此崭新的空气调节系统，并把技术由纺织厂迁移至商业大厦，他被认为是令工作环境变得凉快的先驱之一。

1902 年后期，首个现代化、电力推动的空气调节系统由威利斯·开利（1876—1950）发明。其设计与沃尔夫的设计分别在于并非只控制气温，也控制空气的湿度以提高纽约布克林一间印刷厂的制作过程质量。此技术提供了低热度及湿度的环境，令纸张面积及油墨的排列更准确。其后，开利的技术开始用于在工作间以提升生产效率，开利工程公司亦在 1915 年成立以应付激增的需求。在逐渐发展下，空气调节开始用于提升在家居及汽车的舒适度。住宅空调系统的销量到 20 世纪 50 年代

才真正起飞。建于 1906 年，位于北爱尔兰贝尔法斯特的皇家维多利亚医院，在建筑工程学上具有特别意义，被称为世界首座设有空气调节的大厦。

1906 年，美国北卡罗来纳州夏洛特的斯图尔特·克莱默正找寻方法增加其南方纺织厂的空气湿度。克莱默把技术命名为空气调节，并在同年将其用于专利申请中，作为水调节的代替品。水调节当时是一个著名的程序，令纺织品的生产较容易。他把水汽与通风系统结合以"调节"及转变工厂里的空气，控制纺织厂中极重要的空气湿度。威利斯·开利使用此名称，并把它放进其 1907 年创办的公司名称："美国加利亚空气调节公司"（今开利公司）。

1915 年，卡里尔成立了一家公司，至今它仍是世界最大的空调公司之一。但空调发明后的 20 年，享受的一直都是机器，而不是人。直到 1924 年，底特律的一家商场，常因天气闷热而有不少人晕倒，而首先安装了 3 台中央空调，此举大大成功，凉爽的环境使得人们的消费欲望大增，自此，空调成为商家吸引顾客的有力工具，空调为人们服务的时代正式来临了。

最初的空调、电冰箱使用氨、氯甲烷之类的有毒气体。这类气体泄漏后会酿成

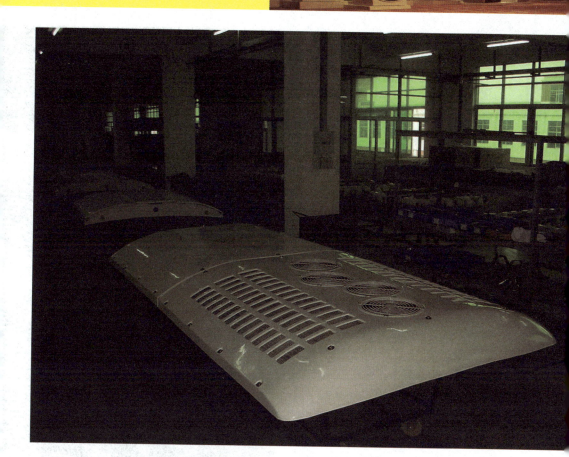

重大事故。托马斯·米基利在 1928 年发明了氯氟碳气体，并将其命名为氟利昂。这种制冷剂对人类安全得多，但是对大气臭氧层有害。氟利昂是杜邦公司 CFC、HCFC 或 HFC 类冷冻剂的商标，其中每一类冷冻剂名称还包括一个数字，以表示其成分的分子组成（例如 R-11、R-12、R-22、R-134）。其中，在直接蒸发式适度冷却产品领域应用最广的 R-22 HCFC 制冷剂已于 2010 年起停止用于新生产的设备中，并于 2020 年彻底停止使用。R-11 和 R-12 在美国已经停产。作为替代品，

一些对臭氧层无害的制冷剂已投入使用，包括商品名为"Puron"的制冷剂 R-410A。

但说到空调可以普及，主要是通过电影院。大多数美国人是在电影院第一次接触到空调的。20 世纪 20 年代的电影院利用空调技术，承诺能为观众提供凉爽的空气，使空调变得和电影本身一样吸引人，而夏季也取代了冬季成为看电影的高峰季节。随后出现了大量全年开放的室内娱乐场所，如赌场、室内运动场和商场，这些都得归功于空调的出现。

DIAN QI XIAO BAI KE

• 空调种类

　　空调的种类分为很多种，其中常见的包括挂壁式空调、立柜式空调、窗式空调和吊顶式空调，但是这些产品的价格各不相同，在选购时一定要根据自己的需求来挑选。

• 挂壁式空调

　　挂壁式空调广受大家欢迎，技术也在不断革新。你应注意比较各品牌的功能区别。

　　换气功能是最新运用在挂壁式空调的技术，保证家里有新鲜空气，防止空调病的产生，使用起来更舒适、更合理。

　　此外，静音和节能设计也很重要，能让你安睡到天明。有的挂壁式空调具有全国超小室外机，如果打算把室外机放在阳台，这也是很好的选择。

　　至于冷暖型的挂壁式空调，要注意选择制热量大于制冷量的空调，以确保制热效果。如果有电辅热加热功能，就能保证在超低温环境下（最低 –10℃）也能制热（出风口温度40℃以上）。

• 立柜式空调

　　要调节大范围空间的气温，比如大客厅或商业场所，立柜式空调最合适。在选择时应注意是否有负离子发送功能，因为这能使清新空气，保证健康。而有的立柜式空调具有模式锁

定功能，运行状况由机主掌握，对商业场所或家中有小孩的家庭会比较有用，可避免不必要的损害。

另外，送风范围是否够远够广也很重要。目前立柜式空调送风的最远距离可达 15 米，再加上广角送风，可兼顾更大的面积。

• 窗式空调

安装方便，价格便宜，适合小房间。在选择时要注意其静音设计，因为窗机通常较分体空调噪音大，所以选择接近分体空调的噪音标准的窗机好一些。除了传统的窗式空调外，还有新颖的款式，比如专为孩子设计的彩色面板儿童机，带有语音提示，既活泼又实用安全，也是不错的选择。

• 吊顶式空调

创新的空调设计理念，室内机吊装在天花上，四面广角送风，调温迅速，更不会影响室内装修。

以上各种空调还可按调温情况分为：单冷型，仅用于制冷，适用于夏季较暖或冬季供热充足地区。冷暖型，具有制热、制冷功能，适用于夏季炎热、冬季寒冷地区。电辅助加热型，电辅助加热功能一般只应用于大功率柜式空调，机身内增加了电辅助加热部件，确保冬季制热强劲。不过，在冬季供暖比较充足的北方地区似乎并无必要。

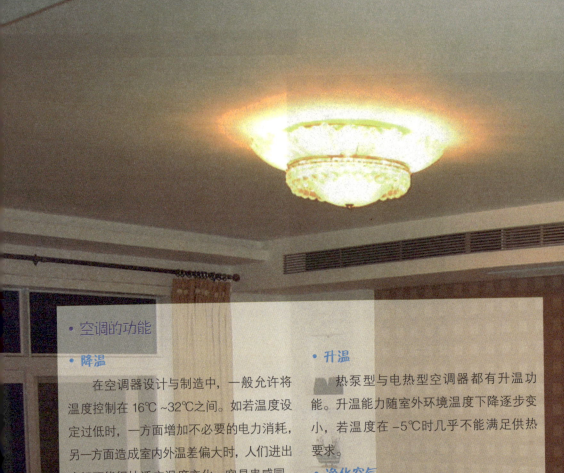

- 空调的功能

- 降温

　　在空调器设计与制造中，一般允许将温度控制在 16℃~32℃之间。如若温度设定过低时，一方面增加不必要的电力消耗，另一方面造成室内外温差偏大时，人们进出房间不能很快适应温度变化，容易患感冒。

- 除湿

　　空调器在制冷过程中伴有除湿作用。人们感觉舒适的环境相对湿度应在 40%~60%之间，当相对湿度过大，如在 90% 以上，即使温度在舒适范围内，人的感觉仍然不佳。

- 升温

　　热泵型与电热型空调器都有升温功能。升温能力随室外环境温度下降逐步变小，若温度在 −5℃时几乎不能满足供热要求。

- 净化空气

　　空气中含一定量有害气体如 NH_3、SO_2 等，以及各种汗臭、体臭和浴厕臭等臭气。

　　空调器净化方法有：换新风、过滤、利用活性炭或光触媒吸附和吸收等。

• 空调危害

在北欧地区的家庭一般不用空调，有时天气过热，有的家庭也会使用空调，尤其白领们和驾驶室的温度过高，人们在整个不太热的夏季里都在享受空调带来的凉爽。可是，在国内炎炎的夏日里，却是酷暑难熬。由于世界气候变化所带来的影响，气温更是逐年攀升，只要有条件很多人会选择待在空调房里来躲避高温侵袭，甚至彻底成为足不出户的空调族，但要知道空调给人们带来舒爽的同时，也带来的一种"疾病"。长时间在空调环境下工作学习的人，因空气不流通，环境得不到改善，会出现鼻塞、头昏、打喷嚏、耳鸣、乏力、记忆力减退及皮肤过敏的症状，如皮肤发紧发干、易过敏、皮肤变差等。这类现象在现代医学上称为"空调综合征"或"空调病"。

当频繁使用空调时，就会出现空调病，症状多为浑身无力、咳嗽、发烧等。

由于频繁使用，给电力也带来很大的压力。低温环境会使血管急剧收缩，血流不畅，使关节受损受冷，导致关节痛；由于室内与室外温差大，人经常进出会感受到忽冷忽热，这会造成人体内平衡调节系统功能紊乱，平衡失调就会引起头痛，易患感冒。"冷"感觉还可使交感神经兴奋，导致腹腔内血管收缩、胃肠运动减弱，从而出现诸多相应症状。寒冷刺激可影响女性的卵巢功能，使其排卵发生障碍，表现为月经失调。

空气中的负离子可抑制人体中枢神经系统并起着调节大脑皮质功能状态的作用，然而空调的过滤器可过多吸附空气中的负离子，使室内的正离子增多，正负离子正常比例失调造成人体生理的紊乱，导致出现临床症状。空调房间一般都较密封，这使室内空气混浊，细菌含量增加，二氧化碳等有害气体浓度增高，如果在室内还有人抽烟，将更加剧室内空气的恶化。在这样的环境中待得稍久必然会使人头晕目眩。

过敏性鼻炎患者长时间待在空调屋里还有可能引起过敏性鼻炎的复发。空调房内有大量易导致过敏性鼻炎复发的物质——螨虫，而其最适宜生存在25℃左右的环境中。

长期在空调房内的市民要定期开窗通风，床单被褥要经常用60℃的热水洗烫，地毯要定期吸尘，窗帘也要经常清洗。另外，应尽量减少待在空调环境中的时间，珍惜你的身体健康。

洗衣机 〉

　　洗衣机是利用电能产生机械作用来洗涤衣物的清洁电器。按其额定洗涤容量分为家用和集体用两类。中国规定洗涤容量在6千克以下的属于家用洗衣机：家用洗衣机主要由箱体、洗涤脱水桶（有的洗涤和脱水桶分开）、传动和控制系统等组成，有的还装有加热装置。洗衣机一般专指使用水作为主要的清洗液体，有别于使用特制清洁溶液，及通常由专人负责的干洗。

　　机械力、洗涤液、水是洗衣机洗涤过程中的三要素。洗衣机运动部件产生的机械力和洗涤液的作用使污垢与衣物纤维脱离。加热洗涤液，可增强去污效果。织物不同，适宜液温也不同，反映洗衣机洗涤性能（即洗净衣物的能力）的主要指标是洗净率（或洗净比）和织物磨损率。洗净率是洗衣机在额定洗涤状态下，利用光电反射率计（或白度仪）测定洗涤前后人工污染布及其原布的反射率。洗衣机发展史从古到今，洗衣服都是一项难于逃避的家务劳动，而在洗衣机出现以前，对于许多人而言，它并不像田园诗描绘的那样充满乐趣——手搓、棒击、冲刷、甩打——这些不断重复的简单的体力劳动，留给人的感受常常是辛苦劳累。

· 洗衣机的历史

  1858 年，一个叫汉密尔顿·史密斯的美国人在匹茨堡制成了世界上第一台洗衣机，该洗衣机的主件是一只圆桶，桶内装有一根带有桨状叶子的直轴，轴是通过摇动和它相连的曲柄转动的。同年史密斯取得了这台洗衣机的专利权。但这台洗衣机使用费力，且损伤衣服，因而没被广泛使用，但这标志了用机器洗衣的开端。次年在德国出现了一种用捣衣杵作为搅拌器的洗衣机，当捣衣杵上下运动时，装有弹簧的木钉便连续作用于衣服。19 世纪末期的洗衣机已发展到一只用手柄转动的八角形洗衣缸，洗衣时缸内放入热肥皂水，衣服洗净后，由轧液装置把衣服挤干。

  1874 年，"手洗时代"受到了前所未有的挑战，美国人比尔·布莱克斯发明了木制手摇洗衣机。布莱克斯的洗衣机构造极为简单，是在木筒里装上 6 块叶片，用手柄和齿轮传动，使衣服在筒内翻转，从而达到"净衣"的目的。这套装置的问世，让那些为提高生活效率而冥思苦想的人士大受启发，洗衣机的改进过程开始大大加快。

  1880 年，美国又出现了蒸汽洗衣机，蒸汽动力开始取代人力。经历了上百年的发展改进，现代蒸汽洗衣机较早期有了无与伦与的提高，但原理是相同的。现代蒸汽洗衣机的功能包括蒸汽洗涤和蒸

汽烘干，采用了智能水循环系统，可将高浓度洗涤液与高温蒸汽同时对衣物进行双重喷淋，贯穿全部洗涤过程，实现了全球独创性的"蒸汽洗"全新洗涤方式。与普通滚筒洗衣机在洗涤时需要加热整个滚筒的水不同，蒸汽洗涤是以深层清洁衣物为目的，当少量的水进入蒸汽发生盒并转化为蒸汽后，通过高温喷射分解衣物污渍。蒸汽洗涤快速、彻底，只需要少量的水，同时可节约时间。对于放在衣柜很长时间产生褶皱、异味的冬季衣物，能让其自然舒展，抚平褶皱。"蒸汽烘干"的工作原理则是把恒定的蒸汽喷洒在衣物上，将衣物舒展开之后，再进行恒温冷凝式烘干。通过这种方式，厚重衣物不仅干得更快，并且具有舒展和熨烫的效果。

蒸汽洗衣机之后，水力洗衣机、内燃机洗衣机也相继出现。水力洗衣机包括洗衣筒、动力源和与船相连接的连接件，洗衣机上设有进、出水孔，洗衣机外壳上设有动力源，洗衣筒上设有衣物进口孔，其进口上设有密封盖，洗衣机通过连接件与船相连。它无需任何电力，只需自然的河流水力就能洗涤衣物，解脱了船民在船上洗涤衣物的烦恼，节约时间，减轻家务劳动强度。

1910年，美国的费希尔在芝加哥试制成功世界上第一台电动洗衣机。电动洗衣机的问世，标志着人类家务劳动自动化的开端。

1922 年，美国玛塔依格公司改造了洗衣机的洗涤结构，把拖动式改为搅拌式，使洗衣机的结构固定下来，这也就是第一台搅拌式洗衣机的诞生。这种洗衣机是在筒中心装上一个立轴，在立轴下端装有搅拌翼，电动机带动立轴，进行周期性的正反摆动，使衣物和水流不断翻滚，相互摩擦，以此涤荡污垢。搅拌式洗衣机结构科学合理，受到人们的普遍欢迎。

1932 年，美国本德克斯航空公司宣布，他们研制成功第一台前装式滚筒洗衣机，洗涤、漂洗、脱水在同一个滚筒内完成。这意味着电动洗衣机的型式跃上一个新台阶，朝自动化又前进了一大步。

第一台自动洗衣机于 1937 年问世。

这是一种"前置"式自动洗衣机。靠一根水平的轴带动的缸可容纳 4000 克衣服。衣服在注满水的缸内不停地上下翻滚，使之去污除垢。到了 20 世纪 40 年代便出现了现代的"上置"式自动洗衣机。

随着工业化的加速，世界各国也加快了洗衣机研制的步伐。首先由英国研制并推出了一种喷流式洗衣机，它是靠筒体一侧的运转波轮产生的强烈涡流，使衣物和洗涤液一起在筒内不断翻滚，洗净衣物。

1955 年，在引进英国喷流式洗衣机的基础之上，日本研制出独具风格并流行至今的波轮式洗衣机。至此，波轮式、滚筒式、搅拌式在洗衣机生产领域三分天下的局面初步形成。

• 基本形式

历史上出现过的洗衣机形式很多，但目前，一般最常见的洗衣机，主要分为三大类，而每类又可再细分为数种：

• 欧洲式

又称"滚桶式"或"鼓式"，可再细分为"前揭式"及"顶揭式"，多为全自动机种。前揭式：顾名思义，前揭式洗衣机机门是开在机身前面，而且多为透明，可以直接看到洗衣桶内的情形。顶揭式：顶揭式洗衣机机门是开在机身上面，鲜有透明机门的型号，但两种机的洗衣原理一样。另外，欧洲式还分为有干衣和无干衣功能的的型号，但基本上全部具脱水功能。

• 美国式

又称"搅拌式"、"搅拌柱式"又或"搅拌棒式"，为历史最久的一种电动洗衣机，多为全自动机，可再分为附有干衣机和没有干衣机的。所有近代的美式洗衣机都已经有自动脱水功能，不需要另外逐件衣物放到像两根碾面粉的棒子叠在一起的电动脱水器，把衣服碾干，另外，洗衣棒还可分为"单节式"和双节式"，洗衣效果各有不同，但双节式的型号价钱通常比较高。

• 日本式

又称"叶轮式"或"波轮式"，可再细分为"单槽式"和"双槽式"。单槽式：基本上单槽式洗衣机是由美国式洗衣机沿袭改良而成，大多为全自动微电脑控制。双槽式：双槽式洗衣机多为半自动机，将洗衣和脱水的部分分开，每次洗完衣，都要人手将衣物搬到脱水筒内，虽然麻烦，但由于价格低廉，所以至今仍有生产。

如何减小洗衣机的震动与噪声

洗衣机使用日久后，由于机械磨损、缺乏润滑油、机件老化、弹簧疲劳变形等原因，会出现各种不正常的震动与噪声。若不及时修理，会导致洗衣机的机件加速磨损甚至损坏。实际上，通过适当的调整和简单修理，即可以消除或减小震动与噪声。

1.洗衣时，机身发出"砰砰"响声。该故障多是洗衣桶与外壳之间产生碰撞或者是洗衣机放置的地面不平整或四只底脚未与地面保持良好的接触。这时需将洗衣机重心调整，放置平稳，或在四个底脚垫上适当垫块。

2.洗衣时，波轮转动发出"咯咯"摩擦声。检修时，可放入水，不放衣物进行检查。

此时若在波轮转动时仍有"咯咯"的摩擦声，说明是由于波轮旋转时与洗衣桶的底部有摩擦引起的，如再放入衣物，响声会更大。故障原因可能是波轮螺钉松动，可现拆卸出波轮，再在轴底端加垫适当厚度的垫圈，以增加波轮与桶底的间隙。消除两者的碰撞或摩擦。若是波轮外圈碰擦洗衣桶，则应卸下波轮，重新修整后再装上。

3.电动机转动时，转动皮带发出"噼啪"声。该故障是由于传动皮带松弛而引起的。检修时，可将电动机机座的紧固螺钉拧松，将电动机向远离波轮轴方向转动，使传动皮带绷紧，再将机座的紧固螺钉拧紧。

冰箱 〉

　　冰箱是保持恒定低温的一种制冷设备，也是一种使食物或其他物品保持恒定低温冷态的民用产品。箱体内有压缩机、制冰机用以结冰的柜或箱，带有制冷装置的储藏箱。

• 冰箱起源

　　人类从很早的时候就已懂得在较低的温度下保存食品不容易腐败。公元前2000多年，西亚的幼发拉底河和底格里斯河流域的古代居民就已开始在坑内堆垒冰块以冷藏肉类。中国在商代（公元前17世纪初一前11世纪）也已懂得用冰块制冷保存食品了。在中世纪，许多国家还出现过把冰块放在特制的水柜或石柜内以保存食品的原始冰箱。直到19世纪50年代，美国还有这种冰箱出售。

• 发明历史

1822 年，英国著名物理学家法拉第发现了二氧化碳、氨、氯等气体在加压的条件下会变成液体，压力降低时又会变成气体的现象。在由液体变为气体的过程中会大量吸收热量，使周围的温度迅速下降。法拉第的这一发现为后人发明压缩机等人工制冷技术提供了理论基础。

第一台人工制冷压缩机是由哈里森于 1851 年发明的。哈里森是澳大利亚《基朗广告报》的老板，在一次用醚清洗铅字时，他发现醚涂在金属上有强烈的冷却作用。醚是一种沸点很低的液体，它很容易发生蒸发吸热现象。哈里森经过研究制出了使用醚和压力泵的冷冻机，并把它应用在澳大利亚维多利亚的一家酿酒厂，供酿酒时制冷降温用。

1873 年，德国化学家、工程师卡尔·冯·林德发明了以氨为制冷剂的冷冻机。

林德用一台小蒸汽机驱动压缩系，使氨受到反复的压缩和蒸发，产生制冷作用。林德首先将他的发明用于威斯巴登市的塞杜马尔酿酒厂，设计制造了一台工业用冰箱。后来，他将工业用冰箱加以改进。使之小型化，于 1879 年制造出了世界上第一台人工制冷的家用冰箱。这种蒸汽动力的冰箱很快就投入了生产，到 1891 年时，已在德国和美国售出了 1.2 万台。

第一台用电动机带动压缩机工作的冰箱是由瑞典工程师布莱顿和孟德斯于 1923 年发明的。后来一家美国公司买去了他们的专利，于 1925 年生产出第一批家用电冰箱。最初的电冰箱其电动压缩机和冷藏箱是分离的，后者通常是放在家庭的地窖或贮藏室内，通过管道与电动压缩机连接，后来才合二为一。

冰箱为何结霜

居家过日子，冰箱少不了。冰箱内壁结霜，水汽从哪里来？

据了解，大部分水汽来自空气中，人们存放食品打开冰箱时，室内空气和冰箱内气体自由交换，室内的湿空气悄悄地进入冰箱里。还有一部分水汽来自冰箱里存放的食品，如清洗干净的蔬菜、水果放在保鲜盒里，蔬菜等食品中的水分蒸发，遇冷后凝结成霜。

特别在夏天，室内的气温高，湿度大，室温与冰箱内的温度差大。当打开冰箱时，一股凉气从里向外流，而室内空气往冰箱里钻。少许时间，冰箱面壁上就凝结成一层白霜。人们还发现，即使冰箱里不放任何东西，经常打开的冰箱里面也会结起厚厚一层霜，可见冰箱中的水汽有很大一部分是来自空气中的水汽。

• 冰箱妙用

大多数人把冰箱买回家，一般只会用它来冷藏和保鲜食物，殊不知，冰箱其实还有很多妙用之处，这些新的用途可以给生活带来更多的方便。

1. 丝袜延寿命

不少女生为丝袜常破伤脑筋，新买的丝袜不要拆封，直接放入冰箱冷冻库放个1~2天。之后拿出来半天左右再穿上，温度的变化可增加丝袜的韧度，冰过的丝袜较不容易破损。

2. 受潮可恢复

若有饼干受潮，吃起来不香脆，但尚未超过保存期限丢了可惜，可将饼干放入冰箱冷冻约24小时。将饼干取出，吃起来的口感可恢复原来的酥脆。

3. 平整真丝衣

真丝衣服洗后皱皱巴巴，质地太软的衣物烫起来很麻烦，可把衣服装进塑料袋放入冰箱里几分钟，拿出来再熨就容易多了。

4. 切蛋黄不碎

刚煮好的白煮蛋或茶叶蛋用刀一切蛋黄就碎了，可先放入冰箱冷藏保存1小时。待蛋黄稍冷固后再来切，蛋的切口平整，蛋黄也不会碎掉。

5. 豆类煮烂快

红豆如果没有经过浸泡很难煮透，可先将红豆和水一起煮，待冷却后放入冰箱冷冻库 2 小时左右，取出后水表层会有出现些许结冰现象。此时再将锅子加热，水与红豆受热程度不同，温度变化让红豆约20 分钟后就煮烂。

6. 蜡烛耐烧不滴蜡

使用蜡烛前 4 小时，先将蜡烛放进冰箱冷冻，冰冷的蜡烛点火后，会烧得比较慢比较久，而且不容易滴蜡。

7. 去除口香糖

口香糖不小心粘在物品上时，可以先

连同粘到的物品一起放在冰箱冷冻，约 1 小时后，口香糖就会变得脆硬，此时将物品取出，并轻轻用指甲就能将口香糖剥离。

8. 去除辛辣味

洋葱及葱蒜等辛香料直接切，辛辣味会让人流泪，不妨先放冰箱冷冻 1 小时，待其中辛辣物质较为稳定后再切，就不会被熏得流眼泪。

9. 杀书籍蛀虫

家中收藏的书籍，时间长了会生虫，把书用薄膜塑料袋包好，放入冰箱冷冻室12 小时，蛀虫会全被冻死。书籍万一被水浸湿，不论晒干还是晾干，都容易变皱变黄。此时可将湿书抚平，放入冰箱冷冻室

内，两天后取出，即恢复原样，既干又平整。

10. 淡化苦瓜味

苦瓜有清火的作用，但有人吃不惯它的苦味，把苦瓜放到冰箱里放一段时间后再取出食用，苦味就会淡很多。

11. 防兔毛掉毛

兔毛衣服爱掉毛，穿之前放冰箱里几天，掉毛的烦恼就会无影无踪。

12. 肥皂复硬度

肥皂遇水软化后，会变得黏黏软软的，使用起来相当不便，可放冰箱的冷冻约 30 分钟。冰箱可吸取肥皂中多余水分，让其恢复硬度。

13. 炒米饭更美味

做好的米饭放凉后放入冷冻库，冻 2 个小时后再拿出来炒，炒好的米饭就会粒粒分开，并且每粒都会很有嚼劲。

14. 烫伤后防止起泡

手脚被烫后，将烫伤的手脚立即伸入冰箱内即可减轻疼痛，又能避免起泡。

15. 煮熟栗子易剥壳

栗子煮熟后不易剥壳，只要冷却后在冰箱内冻 2 小时，可使壳肉分离，剥起来既快栗子肉又完整。

16. 茶叶保质

茶叶、香烟、药品存放于冰箱内，可18 个月不变质。

17. 冰箱内养鱼

在冰箱果盘盒内养鱼，不换水可保持数天不死，可随食随取，既方便又鲜活。

18. 猪肝保鲜

猪肝切碎拌上植物油后，放冰箱中可保持几天的新鲜。

19. 啤酒制冰块

啤酒、红酒和白兰地，倒在制冰盒中制成固体冰酒块，吃起来别有一番风味。

• 冰箱除异味

橘子皮除味：取新鲜橘子500克，吃完橘子后，把橘子皮洗净揩干，分散放入冰箱内；3天后，打开冰箱，清香扑鼻，异味全无。

柠檬除味：将柠檬切成小片，放置在冰箱的各层，可除去异味。

茶叶除味：把50克花茶装在纱布袋中，放入冰箱，可除去异味；1个月后，将茶叶取出，放在阳光下暴晒，可反复使用多次，效果很好。

麦饭石除味：取麦饭石500克，筛去粉末微粒后装入纱布袋中，放置在电冰箱里，10分钟后异味可除。

食醋除味：将一些食醋倒入敞口玻璃瓶中，置入冰箱内，除臭效果很好。

小苏打除味：取500克小苏打（碳酸氢钠）分装在两个广口玻璃瓶内，打开瓶盖，放置在冰箱的上下层，异味能除。

黄酒除味：用黄酒1碗，放在冰箱的底层（防止流出），一般3天就可除净异味。

檀香皂除味：在冰箱内放1块去掉包装纸的檀香皂，除异味的效果亦佳；但冰箱内的熟食必须放在加盖的容器中。

木炭除味：把适量木炭碾碎，装在小布袋中，置冰箱内，除味效果甚佳。

另外的方法还有，如将煤灰放在敞口的容器内，放入冰箱，即可达到除臭效果。一般150升的冰箱，放1只煤饼的煤灰就可以了，每隔3~5天换1次。蜂窝煤完整地放入冰箱，也可去除异味。

用干净的纯棉毛巾，把它弄湿后拧干，折叠放在冰箱冷藏室上层的网架上一侧，通过空气对流，能对冰箱中的臭味起到吸附作用，用过一段时间后，将毛巾用温水洗净可继续使用。

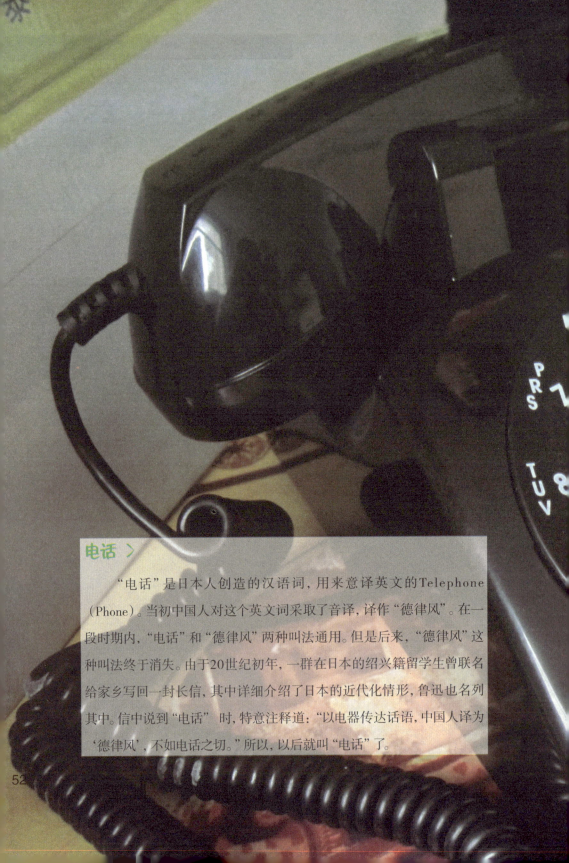

电话 ＞

　　"电话"是日本人创造的汉语词，用来意译英文的Telephone（Phone）。当初中国人对这个英文词采取了音译，译作"德律风"。在一段时期内，"电话"和"德律风"两种叫法通用。但是后来，"德律风"这种叫法终于消失。由于20世纪初年，一群在日本的绍兴籍留学生曾联名给家乡写回一封长信，其中详细介绍了日本的近代化情形，鲁迅也名列其中。信中说到"电话"时，特意注释道："以电器传达话语，中国人译为'德律风'，不如电话之切。"所以，以后就叫"电话"了。

电器小百科

· 发展历史

电报传送的是符号。发送一份电报，得先将报文译成电码，再用电报机发送出去；在收报一方，要经过相反的过程，即将收到的电码译成报文，然后，送到收报人的手里。不仅手续麻烦，而且也不能进行及时双向的信息交流。因此，人们开始探索一种能直接传送人类声音的通信方式，这就是现在无人不晓的"电话"。

欧洲对于远距离传送声音的研究，始于18世纪，在1796年，休斯提出了用话筒接力传送语音信息的办法。虽然这种方法不太切合实际，但他赐给这种通信方式一个名字——Telephone（电话），一直沿用至今。

1861年，德国一名教师发明了最原始的电话机，利用声波原理可在短距离互相通话，但无法投入真正的使用。

亚历山大·贝尔是注定要完成这个历史任务的人，他系统地学习了人的语音、发声机理和声波振动原理，在为聋哑人设计助听器的过程中，他发现电流导通和停止的瞬间，螺旋线圈发出了噪声，就这一发现使贝尔突发奇想——"用电流的强弱来模拟声音大小的变化，从而用电流传送声音。"

从这时开始，贝尔和他的助手沃森特就开始了设计电话的艰辛历程，1875年6月2日，贝尔和沃森特正在进行模型的最后设计和改进，最后测试的时刻到了，沃森特在紧闭了门窗的另一房间把耳朵贴在音箱上准备接听，贝尔在最后操作时不小心把硫酸溅到自己的腿上，他疼痛地叫了起来："沃森特先生，快来帮我啊！"没有想到，这句话通过他实验中的电话传到了在另一个房间工作的沃森特先生的耳朵里。这句极普通的话，也就成为人类第一句通过电话传送的

话音而记入史册。1875 年 6 月 2 日，也被人们作为发明电话的伟大日子而加以纪念，而这个地方——美国波士顿法院路 109 号也因此被载入史册，至今它的门口仍钉着块铜牌，上面刻有："1875 年 6 月 2 日电话诞生在此。"

1876 年 3 月 7 日，贝尔获得发明电话专利，专利证号码 No：174655。

1877 年，也就是贝尔发明电话后的第二年，在波士顿和纽约架设的第一条电话线路开通了，两地相距 300 千米。也就在这一年，有人第一次用电话给《波士顿环球报》发送了新闻消息，从此开始了公众使用电话的时代。一年之内，贝尔共安装了 230 部电话，建立了贝尔电话公司，这是美国电报电话公司（AT&T）前身。

电话传入中国是在 1881 年，英籍电气技师皮晓浦在上海十六铺沿街架起一对露天电话，付 36 文制钱可通话一次，这是中国的第一部电话。1882 年 2 月，丹麦大北电报公司在上海外滩扬于天路办起中国第一个电话局，用户 25 家。1889 年，安徽省安庆州候补知州彭名保，自行设计了一部电话，包括自制的五六十种大小零件，成为中国第一部自行设计制造的电话。

最初的电话并没有拨号盘，所有的通话都是通过接线员进行，由接线员将通话人接上正确的线路，拨号盘始于 20 世纪初，当时马萨诸塞州流行麻疹，一位内科医生因担心接线员病倒造成全城电话瘫痪而提起的。不过在中国 20 世纪 70 年代，部分区县还在使用干电池为动力，没有拨号盘的手摇电话机。

今天，世界上大约有 7.5 亿电话用户，其中还包括 1070 万因特网用户分享着这个网络。写信进入了一个令人惊讶的复苏阶段，不过，这些信件也是通过这根细细的电话线来传送的。

电器小百科

风扇 〉

• 发明时间

机械风扇起源于 1830 年，一个叫詹姆斯·拜伦的美国人从钟表的结构中受到启发，发明了一种可以固定在天花板上，用发条驱动的机械风扇。这种风扇转动扇叶带来的徐徐凉风使人感到欣喜，但得爬上梯子去上发条，很麻烦。

1872 年，一个叫约瑟夫的法国人又研制出一种靠发条涡轮启动，用齿轮链条装置传动的机械风扇，这个风扇比拜伦发明的机械风扇精致多了，使用也方便一些。

1880 年，美国人舒乐首次将叶片直接装在电动机上，再接上电源，叶片飞速转动，阵阵凉风扑面而来，这就是世界上第一台电风扇。

• 工作原理

电风扇的主要部件是交流电动机。其工作原理是通电线圈在磁场中受力而转动。由于电能主要转化为机械能，同时由于线圈有电阻，所以不可避免地有一部分电能要转化为热能。

电风扇工作时（假设房间与外界没有热传递）室内的温度不仅没有降低，反而会升高。让我们来分析一下温度升高的原因：电风扇工作时，由于有电流通过电风扇的线圈，导线是有电阻的，所以会不可避免地产生热量向外放热，故温度会升高。但人们为什么会感觉到凉爽呢？因为人体的体表有大量的汗液，当电风扇工作起来以后，室内的空气会流动起来，所以就能够促进汗液的急速蒸发，结合"蒸发需要吸收大量的热量"，所以人们会感觉到凉爽。

• 风扇种类

1. 按电动机结构可分为：有单相电容式、单相罩极式、三相感应式、直流及交直流两用串激整流子式电风扇。

2. 按用途分类可分为：家用电风扇和工业用排风扇。

（1）家用电风扇：有吊扇、台扇、落地扇、壁扇、顶扇、换气扇、转叶扇、空调扇（即冷风扇）等；台扇中又有摇头的和不摇头之分，也有的转叶扇；落地扇中有摇头、转叶的。还有一种微风小电扇，是专门吊在蚊帐里的，夏日晚上睡觉，一开它顿时就微风习习，可以安稳地睡上一觉，还不会生病。温馨提示，风扇工作在空气中容易黏附尘埃，使用过程中应该适时断电清洗较好。

（2）工业用排风扇：主要用于强迫空气对流之用。电风扇用久以后，扇叶的下面很容易粘上灰尘。这是由于电风扇在工作时，扇叶和空气相互摩擦而使扇叶带上了静电，带电的物体能够吸引轻小物体的性质，从而能够吸收室内飘浮的细小灰尘造成的。

●它让生活很方便

电磁炉 >

　　电磁炉又名电磁灶，是现代厨房革命的产物，它无需明火或传导式加热而让热直接在锅底产生，因此热效率得到了极大的提高。是一种高效节能厨具，完全区别于传统所有的有火或无火传导加热厨具。在加热过程中没有明火，因此安全、卫生。

• 工作原理

传统的明火烹调方式采用磁场感应电流（又称为涡流）的加热原理，电磁炉是通过电子线路板组成部分产生交变磁场、当用含铁质锅具底部放置炉面时，锅具即切割交变磁力线而在锅具底部金属部分产生交变的电流（即涡流），涡流使锅具底部铁质材料中的自由电子呈旋涡状交变运动，通过电流的焦耳热（$P=I^2R$）使锅底发热。（故：电磁炉煮食的热源来自于锅具底部而不是电磁炉本身发热传导给锅具，所以热效率要比所有炊具的效率均高出近1倍）使器具本身自行高速发热，用来加热和烹饪食物，从而达到煮食的目的。具有升温快、热效率高、无明火、无烟尘、无有害气体、对周围环境不产生热辐射、体积小巧、安全性好和外观美观等优点，能完成家庭的绝大多数烹饪任务。因此，在电磁炉较普及的一些国家里，人们誉之为"烹饪之神"和"绿色炉具"。

由于电磁炉是由锅底直接感应磁场产生涡流来产生热量的，因此应选用符合电磁炉设计负荷要求的铁质（不锈钢）炊具，其他材质的炊具由于材料电阻率过大或过小，会造成电磁炉负荷异常而启动自动保护，不能正常工作。同时由于铁对磁场的吸收充分、屏蔽效果也非常好，这样减少了很多的磁辐射，所以铁锅比其他任何材质的炊具也更加安全。此外，铁是对人体健康有益的物质，也是人体长期需要摄取的必要元素。

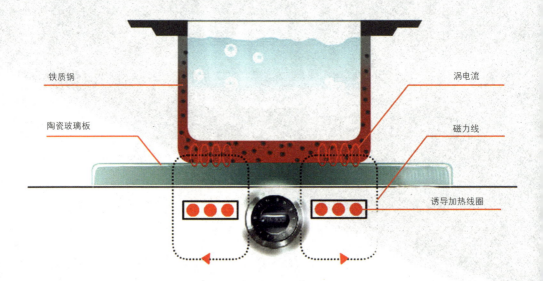

铁质锅
涡电流
陶瓷玻璃板
磁力线
诱导加热线圈

• 使用事项

• 电源线要符合要求

电磁炉由于功率大，在配置电源线时，应选能承受15A电流的铜芯线，配套使用的插座、插头、开关等也要达到这一要求。否则，电磁炉工作时的大电流会使电线、插座等发热或烧毁。另外，如果可能，最好在电源线插座处安装一只保险盒，以确保安全。

• 放置要平整

放置电磁炉的桌面要平整，特别是在餐桌上吃火锅等时更应注意。如果桌面不平，使电磁炉的某一脚悬空，使用时锅具的重力将会迫使炉体强行变形甚至损坏。另外，如桌面有倾斜度，当电磁炉对锅具加温时，锅具产生的微震也容易使锅具滑出而发生危险。

• 保证气孔通畅

工作中的电磁炉随锅具的升温而升温。因此，在厨房里安放电磁炉时，应保证炉体的进、排气孔处无任何物体阻挡。炉体的侧面、下面不要垫（堆）放有可能损害电磁炉的物体、液体。需要提示的是，如发现电磁炉在工作中其内置的风扇不转，要立即停用，并及时检修。

• 锅具不可过重

电磁炉不同于砖或铁等材料结构建造的炉具，其承载重量是有限的，一般连锅具带食物不应超过5千克，而且锅具底部也不宜过小，以使电磁炉炉面的受压之力不至于过重、过于集中。万一需要对超重超大的锅具进行加热时，应对锅具另设支撑架，然后把电磁炉插入锅底。

61

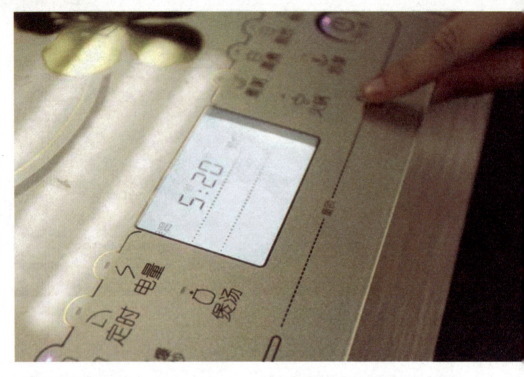

- **清洁炉具要得法**

电磁炉同其他电器一样，在使用中要注意防水防潮，避免接触有害液体。不可把电磁炉放入水中清洗及用水进行直接的冲洗，也不能用溶剂、汽油来清洗炉面或炉体。另外，也不要用金属刷、砂布等较硬的工具来擦拭炉面上的油迹污垢。清除污垢可用软布蘸水抹去。如是油污，可用软布蘸一点低浓度洗衣粉水来擦。正在使用或刚使用结束的炉面不要马上用冷水去擦。为避免油污污染炉面或炉体，减少对电磁炉清洗工作量，在使用电磁炉时可在炉面放一张略大于炉面的纸如废报纸，以此来吸附锅具内跳、溢出的水、油等污物，用后即可将纸扔弃。

- **检测炉具保护功能要完好**

电磁炉具有良好的自动检测及自我保护功能，它可以检测出如炉面器具（是否为金属底）、使用是否得当、炉温是否过高等情况。如电磁炉的这些功能丧失，使用电磁炉是很危险的。

- **按按钮要轻、干脆**

电磁炉的按钮属轻触型，使用时手指的用力不要过重，要轻触轻按。当所按动的按钮启动后，手指就应离开，不要按住不放，以免损伤簧片和导电接触片。

- **炉面有损伤时应停用**

电磁炉炉面是晶化陶瓷板，属易碎物，发生损伤后应停止使用电磁炉。

- **容器水量**

  容器水量勿超过七分满，避免加热后溢出造成机板短路。

- **容器放置**

  容器必须放置电磁炉中央，可避免故障（因利用磁性加热原理，当容器偏移，易造成无法平衡散热，产生故障）。

- **加热时保持功率稳定**

  加热至高温时，直接拿起容器再放下，易造成故障（因瞬间功率忽大忽小，易损坏机板）。

- **孕妇不可使用**

  孕妇最好不要使用电磁炉。

电磁炉与电陶炉的主要区别

电磁炉相信大家都不是太陌生，可能很多的人都在使用中，而作为新一代的厨具——电陶炉由于进入市场不久，一些朋友还不是很了解。那么电陶炉和电磁炉的区别有哪些呢？

电陶炉和电磁炉在本质上的区别：电陶炉发热使用的是红外线发热技术原理，经炉盘的镍铬丝进行发热产生热量，在产生热量的时候会发出红外线。电磁炉使用的是电磁场原理，通过在铁锅上产生涡流现象产生热量。

电陶炉和电磁炉在效果上的区别：电陶炉在加热的时候真正地实现了均匀加热的功能，能够进行持续性的进行加热，在功率上从100W到2000W可以连续的调节，真正的实现文武火功能。电磁炉采用的是间歇性的加热方式，在加热的时候不能持续，对于温度的可控性不强，不具备一些高温的爆炒效果。

电陶炉和电磁炉在功能上的区别：电陶炉在功能上进行了升级，具有一炉顶十炉的美誉。电磁炉功能较少，只具备炒菜、烧水、火锅、煎炸、文火及武火等几项最基本的功能。

饮水机 〉

• 种类划分

• 桶装饮水机

机器上方放桶装水，与桶装水配套使用。桶装饮水机在 20 世纪中期之前就出现了，这种饮水机被设计为机身顶部的一个专门的连接器倒放置水桶（当然也有一些为桶正放，使用泵将水吸进饮水机的储水罐里）。由于饮水机的不同，桶的规格也有很多种。在美国，大部分使用 5 加仑的桶，其他国家或地区的标准规格是 18.9 升（也有称为 19 升或 20 升）。

• 管线饮水机

通过管线接入净化后的水源，与净水器配套使用。管线饮水机（也有称为管道饮水机）是通过使用接头与水管直接连接到主供水水源（如自来水），也有通过一个净水系统再连接至主供水水源。总之，不需要水桶。

桶装水与自来水一直在市场上对峙着，但在欧洲的一些酒店、餐馆与招待场所，管线饮水机已日渐成为主流。这也表明传统基于办公室使用的管道饮水机有很多市场机会。

由于成本的节省，特别是高消费量的地方，管线饮水机的市场份额逐渐在增长。事实上，欧洲的管线饮水机行业已经有明显的转机，管线饮水机达到了发展的一个新阶段，也因此诞生了很多重要的机会。与此关联的公司数量也不断增长，他们都看好了这些机会。

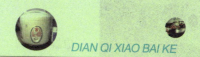
- 工作原理

- 温热型饮水机

温热型饮水机使用时按下加热开关，电源为"保温"指示灯提供电源，作通电指示。同时，电源分成两路：一路构成加热回路，使电热管通电加热升温；另一路为"加热"指示灯提供电压作加热指示。当热罐内的水被加热到设定的温度时，温控器触点断开，切断加热及加热指示回路电源，"加热"指示灯熄灭，电热管停止加热。

当水温下降到设定温度时，温控器触点接通电源回路，电热管重新发热，如此周而复始地使水温保持在 85℃～95℃之间。

温热饮水机电路中为双重保护元件，当饮水机超温或发生短路故障时，超温保险器自动熔或手动复位温控器自动断开加热回路电源，起到保护作用。超温保险器是一次性热保护元件，不可复位，等排除故障后按原型号规格更换新的超温保险器，再按下手动复位温控器的复位按钮，触点闭合便可重新工作。

- 冷热型饮水机

半导体直冷式冷热饮水机在使用时，直冷式冷热饮水机由水箱提供常温水，进水分两路：一路进入冷胆容器，经制冷出冷水；另一路进入热罐，经加热出热水。

按下制冷开关后，交流电压经电源变压器降压、整流二极管作全波整流以及电容滤波后，输出直流电压供半导体制冷组件制冷和风机排风，同时，制冷指示灯点亮。由于直冷式冷热饮水机不设自动控温，因此开机后制冷指示灯常亮。

按下加热开关，加热指示灯亮，电热管发热，热罐内的水升温。当水温升到指定温度时，温控器触点断开，自动切断加热电源，加热指示灯熄灭，电热管停止加热。当水温下降到所需温度时，温控器触点闭合，自动接通加热电源，加热指示灯亮，电热管发热。而后重复上述过程，使水温在 85℃～95℃之间保持恒温。

• 压缩式制冷饮水机

当按下压缩式制冷饮水机制冷开关，制冷绿色指示灯亮，压缩机启动运行，将蒸发器中已吸热气化的制冷剂蒸汽吸回，并随之压缩成高温、高压气体，送至冷凝器，经冷凝器向外界空气中散热冷凝成高压液体，再经毛细管节流降压流入蒸发器内，吸收冷胆热量而使水温下降，然后被压缩机吸回。如此循环，达到降温的目的。当水温随时间降到设定温度时，制冷温控器触点断开，制冷绿色指示灯熄灭，压缩机停转，转入保温状态。断电后水

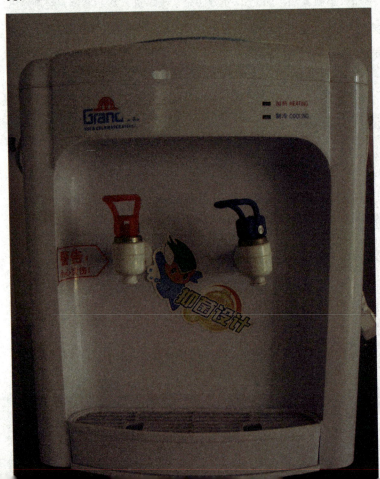

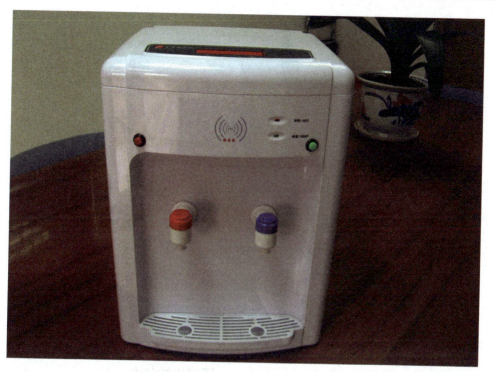

温逐渐回升，当升到设定温度时，制冷温控器触点动作闭合，接通电源绿色指示灯亮，压缩机运行。如此循环，将水温控制在 4℃~12℃之间。

按下制热开关，加热电路接通，红色加热指示灯点亮，电热管发热，到我们指定温度时，自动复位温控器动作，切断电源，红色加热指示灯熄灭，转入保温状态。断电后水温逐渐下降，当降到设定温度时，温控器触点动作闭合，接通电源，红色加热指示灯亮，电热管再次发热升温。如此循环，将水温控制在 85℃~95℃之间。

该类饮水机中保险器温度保险丝以及手动复位温控器是保护装置，当电路出现过热、过载时自动熔断或断开电路，起到安全保护作用。

• **风冷式制冷饮水机**

风冷是冷却方式的一种，即用空气作为媒介冷却需要冷却的物体。通常是加大需要冷却的物体的表面积，或者是加快单位时间内空气流过物体的速率，抑或是两种方法共用。前者可依靠在物体表面加散热片来实现，通常把散热片挂在物体外，或是固定在物体上以使散热更高效。后者可用风扇（风机）来加强通风、强化冷却效果。大多数情况下，加入散热片可以冷却效率大大提高。

豆浆机 ＞

随着人们健康意识的增强，为了卫生，喝得放心，纷纷选择家庭自制豆浆，从而拉动家用微电脑全自动豆浆机市场。豆浆具有极高的营养价值，是一种非常理想的健康食品。据专家介绍，在豆浆里含有多种优质蛋白、多种维生素、多种人体必需的氨基酸和多种微量元素等。无论成年人、老年人和儿童，只要坚持饮用，对于提高体质、预防和治疗病症，都大有益处。春秋饮豆浆，滋阴润燥，调和阴阳；夏饮豆浆，消热防暑，生津解渴；冬饮豆浆，祛寒暖胃，滋养进补。

• 豆浆机的分类

按全自动还是手动：分为全自动豆浆机和石磨豆浆机

全自动豆浆机是现在最流行的豆浆机，使用十分方便，只需将大豆放入豆浆机中，按下开关15分钟左右就能喝上新鲜的豆浆。石磨豆浆机运用传统的石磨磨豆浆的方式。

按用途：分家用豆浆机和商用豆浆机

家用豆浆机用在一般的家庭，可以按自家的人口数来选择豆浆机的容量；商用豆浆机使用在人数相对较多的场合，比如酒店、快餐店等公共场合，造价比家用豆浆机更昂贵，构造更复杂，具有很好的稳定性。

按打磨方式：包磨包煮豆浆机和榨汁搅拌复合类豆浆机

包煮包磨豆浆机就是专业豆浆机，使用很方便，干豆、湿豆都能磨，且不用专门倒出来煮，经常喝豆浆可以选这种；榨汁搅拌复合类豆浆机是通过搅拌将大豆拌碎，并只能磨湿豆，磨好后倒出来用锅煮。可以用来榨汁。

按功能：五谷豆浆机、干豆/湿豆豆浆机、果蔬冷饮豆浆机、米糊和玉米汁豆浆机

按豆浆机是否可以磨制五谷豆浆、干豆/湿豆豆浆、果蔬冷饮、米糊和玉米汁等口味的饮品，现在的豆浆机几乎都能完成这些功能。

有无网型：分有网型豆浆机和无网型豆浆机

有网型豆浆机市场存在时间较长，网的材质从原来的丝状网到现在的不锈钢网。特点：有网精磨，豆浆细腻，电机的使用时间较长；不易清洗。无网型豆浆机是随着豆浆机技术发展应运而生的，去掉不锈钢网，而且新技术下还增加了底盘加热机型。特点：无网，豆浆较粗糙，电机的使用时间较短；易清洗。

• 工作原理

一般豆浆机的预热、打浆、煮浆等全自动化过程，都是通过 MCU（单片机）有关脚控制，相应三极管驱动，再由多个继电器组成的继电器组实施电路转换来完成。只要掌握这一条基本规律，就可对所有机型的豆浆机进行电路检查，排除各类故障。但是，有些机型电路板的制作时将元件的编号压在元件下面的，因此在电路板上只能看到元件，而看不到元件编号，这样对于电路的检测极不方便。

加入适量的水，温水或者凉水都可以，通电后启动"制浆"功能，电热管开始加热，25分钟后水温达到设定的温度。预打浆阶段，当水温达到设定的温度时候，电机开始工作，进行第一次预打浆，然后持续加热碰及防溢电极后到达打浆温度。打浆/加热阶段，在该阶段不停地打浆和加热，使得豆子彻底地被粉碎，豆浆初步煮沸。豆浆煮沸后，进入熬煮阶段，发热管反复地间隙加热，使豆浆充分煮熟，完全乳化。

电饭煲 〉

电饭煲，又称作电锅、电饭锅。是利用电能转变为热能的炊具，使用方便，清洁卫生，还具有对食品进行蒸、煮、炖、煨等多种操作功能。常见的电饭锅分为保温自动式、定时保温式以及新型的微电脑控制式3类。现在已经成为日常家用电器，电饭煲的发明缩减了很多家庭花费在煮饭上的时间。而世界上第一台电饭煲，是由日本人井深大的东京通讯工程公司发明于20世纪50年代。

其实电饭煲背后的原理并不复杂，只要我们懂得一点点物理便可以了解。当饭煮好的时候，电饭煲内的水便会蒸发，由液态转为气态。物体由液态转为气态时，要吸收一定的能量，叫作"潜热"。这时候，温度会一直停留在沸点。直至水分蒸发后，饭煲里的温度便会再次上升。电饭煲里面有温度计和电子零件，当它发现温度再次上升的话，便会自动停止煮饭。

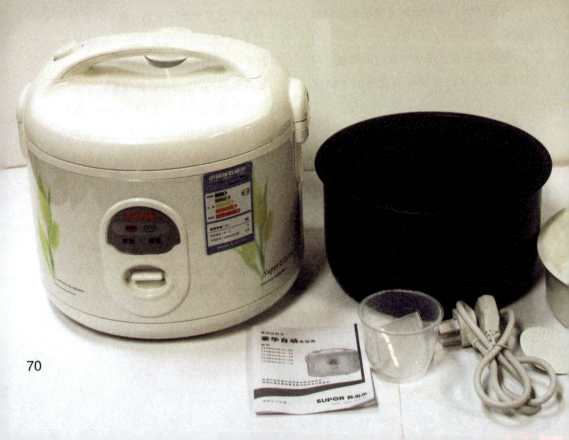

• 电饭锅种类

电饭锅分为 3 类，分别为普通型、西施型及电脑型。

普通型电饭锅煮完饭后，若当时不吃，当锅内食物温度下降到 60℃左右时。通过锅内自动湿度控制装置启动电饭锅，使锅内食物保持在 60℃～80℃之间。普通型电饭锅的区别很大，选购时首先看内锅胆、外壳钢板是否足够厚、电饭锅总体外观如何。

西施型电饭锅外形漂亮，一般来说有煮饭煮汤双功能（电子电饭锅）。也有的西施电饭锅有内蒸，但由于蒸层较浅，用途不大，西施电饭锅保温效果好，比较节电。

电脑型电饭锅增加了一个定时装置，它可以在 12 小时内任意选定启动饭锅的时间，可以定时煮饭、自动控制煮饭的程度。

71

面包机 〉

　　面包机，就是根据机器的要求，放好配料后，自动和面、发酵、烘烤成各种面包的机器。可分为家用和商用。家用面包机1986年由日本一家公司发明，后来流行于美欧，20世纪90年代中期传入中国。由于使用方便，轻松制作各种面包而日益受到国内消费者的欢迎。面包机不但能制作面包，还能制作蛋糕、酸奶、米酒等。具有手工模式功能的面包机还能够制作各种形状的花式面包，非常适合比较专业的面包制作高手。

• 历史发展

很少有人知道是谁发明了第一台面包机器，甚至想出这个概念。在面包机发明使用前，人们只能通过手工来制作面包。制作面包必须先用面粉和水以及其他配料混合成面团。

19 世纪下半叶，一个叫李约瑟的非裔美国人发明了世界上第一台商用面包机雏形。但这个面包机还是只能和面和揉捏面团。19 世纪末 20 世纪初，各个面包机制造商在李约瑟的面包机基础上，不断完善发展，终于使得面包机能自动做出完整的面包，现代真正意义上的面包机也由此诞生。但由于体型巨大，需占用巨大的面积，面包机并未能普及到家庭。

随着大规模集成电路的广泛应用以及成本降低，1986 年，一家日本电器制造商开发了第一台家用面包机，并于 1987 年运到美国参加贸易展销会，现场的人都把它当作一个新鲜玩意而无人真正购买。随后，三洋开始向美国出口面包机。出乎所有人的预料，由于其体型小巧，外观变化多样，功能实用，很快面包机就在家庭中普及开来，特别是得到了美国和英国市场消费者的认可。直到今天，美国和英国仍然是家用面包机最大的两个市场。

• 机器分类

面包机按不同的方式可以有很多不同的分类，这里给大家介绍以下分类。

• 按功能分

可分为普通面包机和大米面包机，普通面包机只能使用面粉来制作面包，而大米面包机不仅能使用面粉制作面包，还能使用大米制作面包，非常符合亚洲人的消费习惯。

• 按面包桶容量分

可分为500克、750克、900克、1250克、和1500克等常用的五种。普通家用容量以500~1000克为主。

• 按搅拌结构分

可分为单搅拌结构和双搅拌结构。

• 按外壳材质分

可分为塑料、不锈钢、冷板等。

• 按驱动电机分

可分为直流电机驱动和交流电机驱动。直流电机驱动具有运转稳定，噪音低和能耗低的特点，是今后的发展方向。

• 按加热方式分

可分为单发热管加热、多发热管加热、热风加热、热风加发热管加热。

• 按撒料功能分

可分为自动撒料和手动撒料。自动撒料面包机可在机器运行到一定时间，由机器判定是否撒料。自动撒料又分自动撒酵母和自动撒果料两种。

• 按面包机结构分

可分为横向结构和纵向结构两种。横向结构加热组件和驱动组件并排摆放，一般发热组件在左，电机驱动装置以及控制组件在右。纵向结构加热组件在后，驱动组件和控制组件在前。

洗碗机 >

洗碗机是用来自动清洗碗、筷、盘、碟、刀、叉等餐具的设备，按结构可分为箱式和传送式两大类。它为餐厅、宾馆、机关单位食堂的炊事人员减轻了劳动强度，提高了工作效率，并增进清洁卫生。现在，多种小型洗碗机已经上市，正逐渐进入普通家庭。

● 发展历史

洗碗机的发展历史悠久，在欧洲洗碗机是家庭和企业的厨房帮手，不过在中国的发展时间较短，现在还没有普及。下面来看一下洗碗机的发展历史吧。

首个机器洗碗专利在 1850 年出现，由乔尔·霍顿拥有，他发明的是手动洗碗机。

蒸汽船发明人约翰·菲奇的孙女约瑟芬·科克伦可算是现代洗碗机之母。她在 1893 年世界博览会展出她的发明。当时的洗碗机仍是手动的。

1920 年带有水喉的洗碗机出现。

1929 年德国的米勒（Miele）公司制造出了欧洲第一台电动家用洗碗机，不过它的外形还是较单纯的"机器"，没有和家庭整体环境密切联系。

1954 年美国 GE 公司生产了第一台电动台式洗碗机，不仅洗涤性能有所提高，而且整机体积外形也有所改善。

1978年米勒公司又制造出了世界上第一台微电脑控制型洗碗机，使人机关系更为密切，洗碗机的家用性得到了更好的体现。于是越来越多的洗碗机进入西方家庭。

在亚洲，最早从事洗碗机研究的是日本，到了20世纪90年代中后期，日本已发展了微电脑全自动台式洗碗机。所代表的企业有松下、三洋、三菱、东芝等。

与此同时，欧美则已经把家用洗碗机发展成具有统一形象的厨房家电。欧美所代表的企业有米勒、西门子、惠而浦等公司。在中国，1998年第一台全自动柜式洗碗机在小天鹅诞生。目前具有生产线的除小天鹅外还有海尔、美的、澳柯玛等公司。

• 洗碗机分类

洗碗机的分类从不同角度有不同命名，常见有以下类别：

按用途分为商用洗碗机和家用洗碗机。商用洗碗机适用商业用途，一般用于宾馆、饭店、餐厅等，其特点是高温、大强度、短时间处理，有传送带式洗碗机、飞引式洗碗机、门式洗碗机和台式洗碗机；家用洗碗机只适用于家庭，主要有柜式和台式两种。台式洗碗机为小型机，一般洗涤容量不超过5套餐具。柜式洗碗机又分宽度为45厘米柜机和60厘米柜机，洗涤容量分为8套和12套餐具。

按结构分为台式和柜式。台式洗碗机小巧，占用空间小，容量小，摆放灵活。

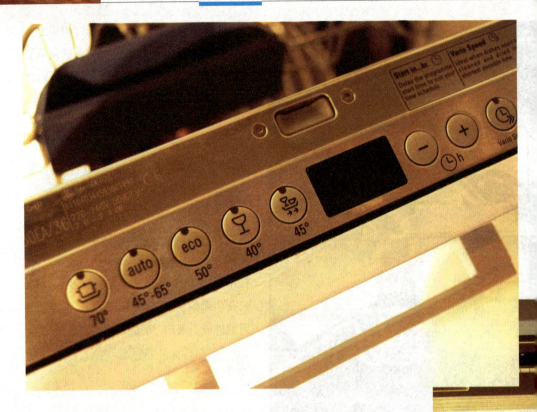

柜式洗碗机具有标准化外形尺寸，容量大，适用于与整体厨房配套。

按控制方式分为机电式控制、电子式控制。机电式控制是较传统型的控制方式，核心控制器件是机电式程控器，性能稳定可靠。电子式控制是采用单片机为核心控制器件，程序设计更具灵活性，同时有多样的工作状态显示，越来越受到人们的青睐。

按安装方式分为自由式和嵌入式。嵌入式安装后与橱柜浑然一体。自由式随意摆放。

按洗涤方式可分为喷淋式、涡流式等。喷淋式是采用高压水上下左右喷淋，以达到清洗效果。涡流是常见于家用洗碗机以及超声波洗碗机。

按传送方式可分为揭盖式、篮传式、斜插式、网带平放式。揭盖式：目前常见于家用洗碗机上，商用洗碗机由于其洗涤量以及洗涤速度的限制，在商用洗碗机上的应用越来越少。篮传式：常见于商用洗碗机，由于其投资成本相对较低，操作相对较为麻烦（需要按不同的餐具设计不同的清洗筐，而对于不规则的餐具清洗较为困难）、酒楼、食堂、餐厅客户反映不良而渐渐淡出这块市场，目前仅在餐具消毒配送公司的五件套上有较大的应用。斜插式：常用于商用洗碗机，目前市场良莠不齐。但是对于较大餐具以及餐盘清洗存在死角，而且不能摆放太密。网带平放式：常用于商用洗碗机，又被称为是第四代商用洗碗机，目前市场反映良好。对宽度不超过 760 厘米、高度不超过 55 厘米的餐具都能有很好的清洗效果，因餐具形状、大小不同而清洗速度略有差异。因此是酒楼、食堂、餐厅的最佳选择，代表了商用洗碗机的最先进技术。

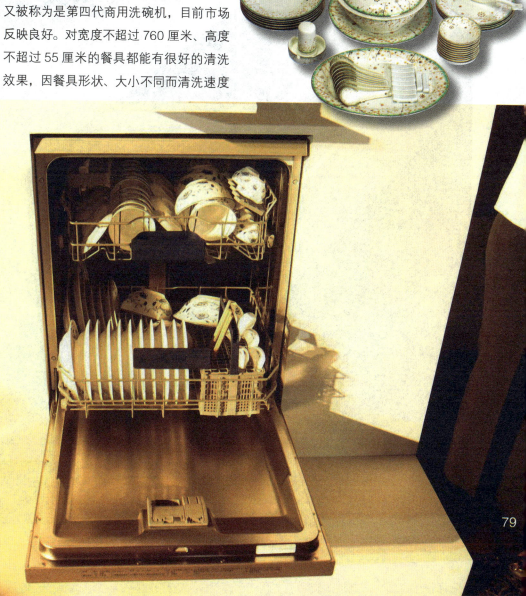

• 洗碗机十大功能

洗涤：全封闭式洗涤，不用抹布，切断细菌传播途径。

消毒：采用加热及专门的洗涤用品：涤龙浸泡粉、消毒剂、洗洁精，足以杀死大肠杆菌、葡萄球菌、肝炎病毒等病菌病毒。

烘干：洗刷后直接烘干，避免水渍留下的斑痕，使餐具更光洁。

贮存容量：设计科学，可容纳几套餐具，具有碗柜功能。

软化水：去除自来水中的钙、镁离子等主要成分，增加光洁度。

多层保护：内胆是不锈钢的，外壳采用喷粉、电泳、磷化等工艺，不生锈、不磨损。

低噪音：吸音，使洗碗机工作噪音不超过50分贝。

上下层碗篮：更科学合理地利用有限空间。

三维喷淋：三维密集淋刷餐具，冲洗彻底，节约用水。

节约时间：20分钟速洗，可满足人们随吃随洗的需要。

食物垃圾处理器 〉

　　食物垃圾处理器是一种现代化的家用电器，能够快速解决掉易腐烂变质的餐厨垃圾，从而改善消费者的生活方式。食物垃圾处理器能够采用全新的方法处理现代家庭中的食物垃圾：残羹剩饭、肉鱼骨刺、蔬菜、瓜皮果壳、蛋壳、茶叶渣、咖啡渣、小块玉米棒芯、禽畜小骨等，避免食物垃圾因储存而滋生病菌、蚊虫、蟑螂，减少厨房异味，从而有效促进家人健康、优化家居环境，并彻底解决下水道容易堵塞的问题。

• 使用原理

　　食物垃圾处理器是通过小型直流或交流电机驱动刀盘，利用离心力将粉碎腔内的食物垃圾粉碎后排入下水道。粉碎腔具有过滤作用，自动拦截食物固体颗粒；刀盘设有 2 个或者 4 个可 360 度回转的冲击头，没有利刃，安全、耐用、免维护。刀盘转速（满负载，工作状态）交流电机约 1350~1475 转 / 分钟（220V 50Hz）。粉碎后的颗粒直径小于 4 毫米，不会堵塞排水管和下水道。

　　食物垃圾处理器的核心部件是碾磨器，它由不锈钢做成，通过电机高速转动处理食物垃圾，垃圾被研磨成极小的颗粒，

非常容易被水冲掉，因此它一般可安装在厨房洗涤槽的下部，圆筒形的食物垃圾处理器高 300~400 毫米，直径 130~200 毫米，重量在 4 千克左右，可藏在橱柜内部，连接下水管道。

• 产品类型

• 按处理方式分

1.粉碎型：将食物垃圾经过研磨，粉碎后与水混合成液态状直接冲入下水道。

2.甩干型；将食物垃圾水分与固态物质分离后从水盆下水排走水分，留下固态物质压缩成块状方便保存及处理。

• 按研磨原理分

二级研磨：当食物垃圾进入研磨腔，刀盘上的 360 度回转冲击到头进行研磨，研磨后的颗粒并未直接进入下水道，而是因为离心力及与刀头的推动作用在刀盘边沿进行二级研磨。二级研磨后的食物垃圾则跟随水流进入下水道，到达污水处理系统。在市场上处理器基本属于二级研磨。

三级研磨：经过二级研磨的食物垃圾在下降过程中，研磨盘与不锈钢衬圈之间的平面间隙，对食物垃圾进行三级研磨，让垃圾更加细分，对中国家庭饮食中的纤维和硬骨类处理效果更佳。

四级研磨：四级研磨在前有的三级研磨的基础上，在增加一级平面研磨。即两个研磨圈与研磨盘之间形成 2 个平面研磨。该研磨级别将食物垃圾直接处理到达了溶浆状态，更利于排放和下水道的疏通。

• 发展简史

1927 年第一台食物垃圾处理器诞生于美国。

1940 年食物垃圾处理器的作用被研究肯定，食物垃圾处理器成为环保新星。

1955 年美国密歇根州底特律市的建筑法规中规定：从 1956 年 1 月 1 日以后修建的，凡设计、安装使用会导致食物垃圾产生的城市建筑物，都必须配备预先认可的食物垃圾处理设备，如果使用了未配备此种设备的建筑物将构成违法。

1985 年美国加利福尼亚州市长 W·J·Biu·Thom 在政府工作报告中说："食物垃圾处理器在我市的广泛使用，使广大市民受益匪浅。"

1999 年纽约市政府组织专家对垃圾处理器项目对环境的影响进行评估，并得出结论：大规模安装食物垃圾处理器，有利于环境。

2001 年中国建设部将食物垃圾处理器列为住宅装修的重点发展项目和推荐配套产品。

2003 年中央电视台二套 CCTV—2 在"为你服务"节目中向全国观众推荐食物垃圾处理器。

2009 年 NAHB（全美住宅建筑商协会）颁布了《美国绿色建筑标准》，并得到了 ANSI（美国国家标准协会）的认可，其中明确指出：在主要厨房的水槽下至少安装一台食物垃圾处理器。

电烤箱 ❯

　　电烤箱是利用电热元件所发出的辐射热来烘烤食品的电热器具，利用它我们可以制作烤鸡、烤鸭、烘烤面包、糕点等。根据烘烤食品的不同需要，电烤箱的温度一般可在50℃~250℃范围内调节。

　　电烤箱主要由箱体、电热元件、调温器、定时器和功率调节开关等构成。其箱体主要由外壳、中隔层、内胆组成三层结腔体空气；在外层腔体中充填绝缘的膨胀珍珠岩制品，使外壳温度大大减低；同时在门的下面安装弹簧结构，使门始终压紧在门框上，使之有较好的密封性。

　　电烤箱的加热方式可分为面火（上加热器加热）、底火（下加热器加热）和上下同时加热3种。

电烤箱与微波炉的区别

　　电烤箱和微波炉在加热原理上的不同，决定了食物烹饪效果质的区别。微波炉是通过微波使物质分子之间相互碰撞、磨擦振动而产生热量，分子运动越快，温度越高。通俗地说，也就是自己给自己加热。而电烤箱是电阻丝在电流作用下发热，一个是磁能一个是热能，通过热传导的原理来加热食物，是传统的食物烹饪方式。微波炉加热是由内至外，而烤箱是由外至内，微波炉加热效果不均匀，水分容易流失。烤箱可使食物均衡受热，更好地保持食物的水分和原有的营养成分。简单地说，微波炉最好的功能就是可以对食物快速加热；但是要做面包、蛋糕、比萨类，或是烤鸡、肉类的烹调，还是用烤箱的好。

　　由于电烤箱和微波炉的加热原理不同，微波炉加热出来的食物偏干，而且营养流失严重。但是电烤箱加热的食物就不会发干，口感比较好。

85

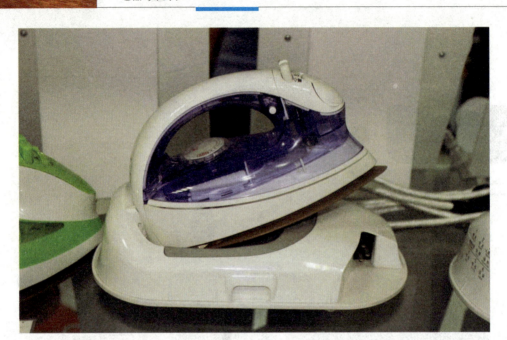

电熨斗 ＞

电熨斗是平整衣服和布料的工具，功率一般在300~1000W之间。它的类型可分为：普通型、调温型、蒸汽喷雾型等。普通型电熨斗结构简单，价格便宜，制造和维修方便。调温型电熨斗能杂60℃~250℃范围内自动调节温度，能自动切断电源，可以根据不同的衣料采用适合的温度来熨烫，比普通型省电。蒸汽喷雾型电熨斗既有调温功能，又能产生蒸汽，有的还装配上喷雾装置，免除了人工喷水的麻烦，而且熨烫效果更好。

- 主要种类
- 普通型

电熨斗的最基本形式。结构简单，主要由底板、电热元件、压板、罩壳、手柄等部分组成。因不能调节温度，已渐趋淘汰。

- 调温型

在普通型电熨斗上增加温度控制装置而成。温度控制元件采用双金属片，利用调温旋钮改变双金属片上静、动触头之间的初始距离和压力，即可获得所需的熨烫温度。调温范围一般为60℃~250℃。

- 蒸汽型

在调温型电熨斗的基础上增加蒸汽发生装置和蒸汽控制器而成，具有调温和喷汽双重功能，不用人工喷水。

• 蒸汽喷雾

在蒸汽型电熨斗的基础上加装一个喷雾系统而成，具有调温、喷汽、喷雾多种功能。其喷汽系统和蒸汽型电熨斗相同当底板温度高于100℃时，按下喷汽按钮，控水杆使滴水嘴开启，水即滴入汽化室内汽化，并从底板上的喷汽孔喷出。喷雾装置与产生蒸汽的装置是彼此独立的。手按喷雾按钮，喷雾阀内活塞向下压，阀门的圆钢球便将阀底部的孔紧闭，阀内的水便通过活塞杆的导孔由喷雾嘴形成雾状喷出；松开手后，喷雾按钮自动复位，由于阀的作用，储水室内的水将阀底部的圆钢球顶开，通过底孔进入阀内。

• 迷你熨斗

也称旅行熨斗，小熨斗，DIY熨斗，是个人DIY、旅行用和熨烫烫钻烫图用的一种精致的小巧熨斗。尺寸一般小巧玲珑，便于携带。

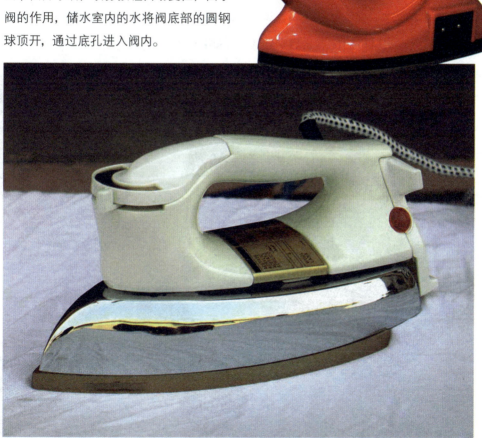

吹风机 >

吹风机是由一组电热丝和一个小风扇组合而成的。通电时，电热丝会产生热量，风扇吹出的风经过电热丝，就变成热风。如果只是小风扇转动，而电热丝不热，那么吹出来的就只是风而不热了。

吹风机主要用于头发的干燥和整形，但也可供实验室、理疗室及工业生产、美工等方面作局部干燥、加热和理疗之用。根据它所使用的电动机类型，可分为交流串激式、交流罩极式和直流永磁式。串激式吹风机的优点是启动转矩大，转速高，适合制造大功率的吹风机；缺点是噪音大，换向器对电信设备有一定的干扰。罩极式吹风机的优点是噪音小，寿命长，对电信设备不会造成干扰；缺点是转速低，启动性能差，重量大。永磁式吹风机的优点是重量轻，转速高，制造工艺简单，造价低，物美价廉。

吹风机的种类虽然很多，但是结构大同小异，都是由壳体、手柄、电动机、风叶、电热元件、挡风板、开关、电源线等组成。

擦鞋机 〉

擦鞋机，又可以称自动擦鞋机、全自动擦鞋机、感应擦鞋机、电动擦鞋机、擦皮鞋机。随着社会的高速发展，生活水平的不断提高，人们对衣着外表的要求也越来越高。皮鞋光亮，既体现人的精神面貌，又反映人的素质修养。人人都穿鞋，穿鞋就离不开擦拭。因此，解决此项服务的全自动擦鞋机具有广阔的市场潜力。随着现代人工作和生活节奏的加快，人们无暇把时间浪费在手握鞋刷两手油上，人工擦鞋既费时又费力。全自动擦鞋机取代传统的手工擦鞋便应运而生。

自动擦鞋机由控制器、电机、感应线、毛刷、油杯及外壳组成。软硬毛刷（布毛刷、塑料毛刷分布两侧，左右各两个）、红外线感应器（自动型使用；手动型，直接用电源开关即可）、线路板（即控制感应器、手动开关、电机、及电源显示灯）、外壳（目前市场上主要有木质及铁质外壳）及油杯（它是由一个小弹簧，玻璃珠，及油嘴组合成套），将上述配件装配起来即可。

89

●它让生活更舒适

空气净化器 ＞

　　空气净化器又称"空气清洁器"、空气清新机，是指能够吸附、分解或转化各种空气污染物（一般包括粉尘、花粉、异味、甲醛之类的装修污染、细菌、过敏原等），有效提高空气清洁度的产品，目前以清除室内空气污染的家用和商用空气净化器为主。

　　空气净化器是用来净化室内空气的家电产品，一般有中央空调配套空气净化装置和单机两类，主要解决由于装修或者其他原因导致的室内、地下空间、车内空气污染问题。由于相对封闭的空间中空气污染物的释放有持久性和不确定性的特点，因此使用空气净化器净化室内空气是国际公认的改善室内空气质量的方法。

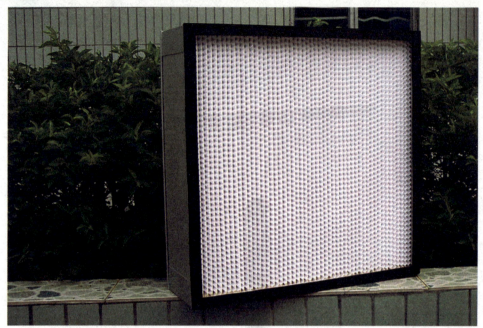

• 诞生与发展

空气净化器起源于消防用途，1823年，约翰和查尔斯·迪恩发明了一种新型烟雾防护装置，可使消防队员在灭火时避免烟雾侵袭。

1854年，一个名叫约翰斯·滕豪斯的人在前辈发明的基础上又取得新进展：通过数次尝试，他了解到向空气过滤器中加入木炭可从空气中过滤出有害和有毒气体。

二战期间，美国政府开始进行放射性物质研究，他们需要研制出一种方式过滤出所有有害颗粒，以保持空气清洁，使科学家可以呼吸，于是高效空气过滤器应运而生。在20世纪五六十年代，高效空气过滤器一度非常流行，很受防空洞设计和建设人员欢迎。

进入20世纪80年代，空气净化的重点已经转向空气净化方式，如家庭空气净化器。过去的过滤器在去除空气中的恶臭、有毒化学品和有毒气体方面非常好，但不能去除霉菌孢子、病毒或细菌，而新的家庭和写字间用空气净化器，不仅能清洁空气中的有毒气体，还能净化空气，去除空气中的细菌、病毒、灰尘、花粉、霉菌孢子等。

空气净化器已经有了多种不同的设计制作方式，并且每一次技术的变革都为人们室内空气品质的改善带来显著效果。而这一切目的只有一个：希望能净化室内空气来提高人们的生活质量。

• 空气净化器工作原理

其实尽管市场上所宣称的空气净化器的名称、种类、功能不尽相同，但追根溯源，从空气净化器的工作原理来看，主要无非以下两种：

一种是被动吸附过滤式的空气净化原理。被动式的空气净化，是用风机将空气抽入机器，通过内置的滤网过滤空气，主要能够起到过滤粉尘、异味、消毒等作用。这种滤网式空气净化器多采用高效空气过滤器滤网＋活性炭滤网＋光触媒（冷触媒、多远触媒）＋紫外线杀菌消毒＋静电吸附滤网等方法来处理空气。其中高效空气过滤器滤网有过滤粉尘颗粒物的作用，其他活性炭等主要是吸附异味的作用，因此，可以看出，市面上带有风机滤网、光触媒、紫外线、静电等各种不同标签、看似十分混乱的空气净化器所采用的工作原理基本是相同的，都是被动吸附过滤式的空气净化。

第二种工作原理是主动式的空气净化原理。市场上的主动类空气净化器和双重净化类空气净化器一般只选择一种主动式的净化技术。目前市场上主要有银离子净化技术、负离子技术、低温等离子技术、光触媒技术和净离子群技术。主动式的空气净化原理与被动式空气净化原理的根本区别就在于，主动式的空气净化器摆脱了风机与滤网的限制，不是被动的等待室内空气被抽入净化器内进行过滤净化，之后再通过风机排出，而是有效、主动的向空气中释放净化灭菌因子，通过空气弥漫性的特点，到达室内的各个角落对空气进行无死角净化。目前在技术上比较成熟的主动净化技术主要是利用负氧离子作为净化因子处理空气和利用臭氧作为净化因子处理空气两种。这两种就是典型的基于主动净化原理而进行工作的空气净化器。

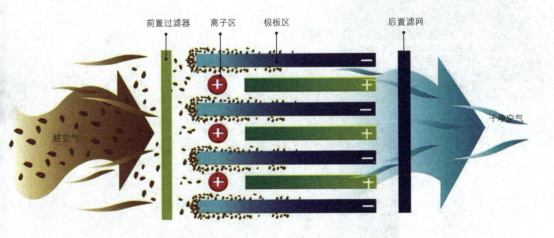

空气净化器工作原理示意图

· 适用场所

刚刚装修或翻新的居所。

有老人、儿童，孕妇、新生儿的居所。

有哮喘、过敏性鼻炎及花粉过敏症人员的居所。

饲养宠物及牲畜的居所。

较封闭或受到二手烟影响的居所。

酒店等公众场所。

享受高品质生活的人群的居所。

医院，降低感染，阻止传播疾病。

• 适用人群

孕妇：孕妇在空气污染严重的室内会感到全身不适，出现头晕、出汗、咽干舌燥、胸闷欲吐等症状，对胎儿的发育产生不良的影响，胎儿患上心脏疾病的可能性是呼吸清新空气的孕妇所生孩子的 3 倍。

儿童：儿童身体正在发育中，免疫系统比较脆弱，容易受到室内空气污染的危害，导致免疫力下降，身体发育迟缓，诱发血液性疾病，增加儿童哮喘病的发病率，使儿童的智力大大降低。

办公室一族：在高档写字楼里上班是一份让人羡慕的职业。但是在恒温密闭的空气质量不好的环境中，容易导致头晕、胸闷、乏力、情绪起伏大等不适症状，影响工作效率，引发各种疾病，严重者还可致癌。

老人：老年人身体机能下降，往往多种慢性疾病缠身。空气污染不仅引起老年人气管炎、咽喉炎、肺炎等呼吸系统疾病。还会诱发高血压、心脏病、脑溢血等心老血管疾病。

呼吸道疾病患者：在污染的空气中长期生活会引起呼吸功能下降，呼吸道症状加重，尤其是鼻炎、慢性支气管炎、支气管哮喘、肺气肿等疾病。通过呼吸纯净空气来达到辅助且根治的治疗效果。

司机：车内缺氧，汽车尾气污染严重。

热水器 〉

热水器就是指通过各种物理原理，在一定时间内使冷水温度升高变成热水的一种装置。

家用多功能热水器顾名思义就是一种集多种功能于一体的新型家用电器。家用多功能热水器加热生活热水的同时，能够像空调一样释放冷气，满足厨房的制冷需求，并且可以在阳台、储物间、

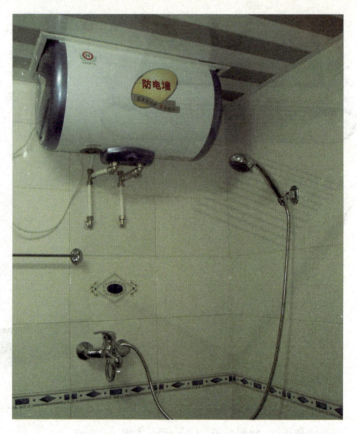

车库等局部空间达到除湿的作用，防止物品发霉变质或者快速晾干衣物。

随着热水器的不断发展，热水器已经进入了第四代热水器（空气能热泵热水器），是最安全的热水器，完全实现了水电分离，同时也是最节能、最环保、最高效的热水器。

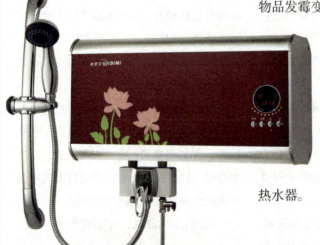

• 热水器分类

热水器按照原理不同可分为电热水器、燃气热水器、太阳能热水器和空气能热水器及速磁生活热水器 5 种。电热水器分为储水式和即热式（又称快速式）两种。电热水器的特点是使用方便、节能环保，能持续供应热水。

• 储水式电热水器

储水式容量分有 30L、40L、50L、60L、80L、90L、100L 等。

优点：安装简单，使用方便，不受楼层、气源压力差异的影响，是越来越多的用户首选。

缺点：体积大，占空间，洗澡前要提前预热，等待时间比较长，容易生成水垢，需一年除垢一次。

• 即热式电热水器

优点：出热水快，只需 3 秒钟即可；热水量不受限制，可连续不断供热水；体积小，外形精致；安装、使用方便快捷；需多少热水用多少电，耗能少。缺点：功率高，需预留至少 4 平方毫米的电线。

加热系统是即热式电热水器安全、高效性能的关键。漏水漏电是即热电热水器核心加热技术要解决的关键之所在，防电墙、线路控制系统的安全检测、漏电保护功能及外接的漏电保护开关等也起到了一定的作用，但更多的是治标不治本。而现代人们对家电安全的要求是希望做到百分百安全到家，所以怎样解决即热式加热系统漏水、漏电、水垢、干烧等安全问题成为电热水器行业内的重中之重。

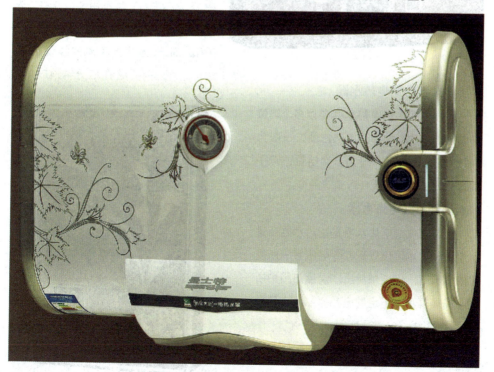

• 即热式太阳能伴侣

即热式太阳能伴侣，是一种配合太阳能热水器辅助加热的即热式热水装置，适用于配合各种太阳能、空气能、暖气、电热等热水器使用场所的热水沐浴、洗漱或单独作为厨房热水器之用。在太阳能、空气能等热水器，因天气、季节、水质等原因，热水温度达不到人们所需要温度的时候，进行辅助加热，使用热水更加方便快捷，真正意义上实现节能减排。

• 速热式电热水器

优点：出热水速度快，热水量大。是储水式电热水器到即热式电热水器的过渡产品，结合了两者的优点，等待时间没有储水热水器那么长，一般在 15 分钟左右，也不用预留 4 平方毫米的线，速热式电热水器一般在 3~5 千瓦之间，2.5 平方毫米的线就足够。缺点：洗澡前要提前 15 分钟预热。

• 多挡位即热式电热水器

多挡位即热式电热水器是以多个挡位来调整加热功率的即热电热水器，一般为 7 个挡位，小厨宝一般为 3 个挡位，洗手宝和电热水龙头一般 1 到 2 个挡位。

• 恒温即热式电热水器

恒温即热式电热水器是指热水器在进水流量和进水温度以及电源电压等有所变化的情况下，仍能保持出水温度与用户所设定的温度基本恒定的电热水器。也包括有恒温的小厨宝、洗手宝等。

• 燃气热水器

按使用燃气的种类分为：人工煤气热水器、天然气热水器、液化石油气热水器；

按控制方式可分为：前制式热水器和后制式热水器；

按给排气方式分为：直排式、烟道式、强制排气式、平衡式、冷凝式；

按安装位置可分为：室内安装式和室外安装式。

由于我国的实际情况和使用习惯，燃气热水器仍是众多消费者的首选。而燃气热水器的安全问题也是大家最关注的问题，国家禁止生产销售直排式燃气热水器。能否及时排走有毒气体，成为燃气热水器安全性的关键。从欧美各国的发展情况来看，强制给排气式是燃气热水器发展的必然趋势。

优点：热效率高、加热速度快、温度调节稳定、可多人连续使用，拥有一批固定的消费者。冬天在厨房里就可以随时来热水，方便；水温恒定，购置费用便宜。一般家庭，使用8升的机器就够了；缺点：用户怕燃气中毒；强制排烟热水器，使用者在洗澡过程中不能随时调节水温，必须在进入浴室前就先将温度调好；天然气价格一直在提高；为了排放产生的废气还要装复杂的燃气管路。

· 工作原理

一台完整的家用多功能热水器包含2个主要部分：

制造冷气部分和加热热水部分。但其实这两个部分又是紧密地联系在一起的，密不可分，必须同时工作。即在加热热水的同时，给厨房制冷。或者说在给厨房制冷的同时也在加热热水。

其内部结构主要由4个核心部件：压缩机、冷凝器、膨胀阀、蒸发器。

其工作流程是这样的：压缩机将回流的低压冷媒压缩后，变成高温高压的气体排出，高温高压的冷媒气体流经缠绕在水箱外面的铜管，热量经铜管传导到水箱内，冷却下来的冷媒在压力的持续作用下变成液态，经膨胀阀后进入蒸发器，由于蒸发器的压力骤然降低，因此液态的冷媒在此迅速蒸发变成气态，并吸收大量的热量。同时，在风扇的作用下，大量的空气流过蒸发器外表面，空气中的能量被蒸发器吸收，空气温度迅速降低，变成冷气排进厨房。随后吸收了一定能量的冷媒回流到压缩机，进入下一个循环。

由以上的工作原理可以看出，家用多功能热水器的工作原理与空调原理有一定相似，应用了逆卡诺原理，通过吸收空气中大量的低温热能，经过压缩机的压缩变为高温热能，传递给水箱中，把水加热起来。整个过程是一种能量转移过程（从空气中用转移到水中），不是能量转换的过程，没有通过电加热元件加热热水，或者燃烧可燃气体加热热水。

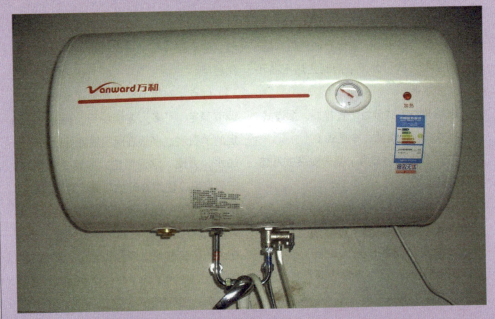

足浴器 ＞

　　足浴器是足部保健设备，对脚部按摩和刺激，能激发人体潜在的机能，调整身体阴阳失衡的状态，舒缓全身紧张，达到防病保健的效果，有自我保健和延年益寿之功效。

- 足浴器功能

　　自动加热保温——足浴按摩器采用节能流水直热式，可有效控制、保持人体感觉舒适的水温，开机后可在35℃~50℃之间随意调节，到达你设定的温度。自动保持恒温状态，使你尽情享受足浴按摩器带给你的舒适。

　　气泡冲击按摩——足浴按摩器的气泡槽能放出大量气泡冲击足底各个反射区和涌泉穴，促进血液循环，起到按摩保健作用。

　　振动按摩——足浴按摩器底部设有振动电机和上百个按摩粒子，开机后高频振动，可充分刺激脚部穴位，促进血液循环，改善新陈代谢，提高睡眠质量，消除疲劳，增进健康，提高抗病能力。

　　水流冲击按摩——足浴按摩器前侧有水柱喷击，冲击脚部穴位，起到缓解肌肉

紧张和柔性按摩作用，改善足部微循环，促进身体健康。

臭氧去除脚气、脚臭、脚癣——足浴按摩器可产生臭氧气泡，溶解于水中，用含有活氧的水泡脚，可杀除脚上的各种细菌，你的脚自然就不会生脚气了。

磁保健——足浴按摩器底部装有永久磁石，形成低磁场网络覆盖足部，磁场渗透足部穴位，能产生多种效应的综合作用，促进保健效果。

自动排水功能——使用后，可自动将存水排放。

内置药盒——足浴按摩器设计有内置药盒，只要将盒盖垂直向上提起，装入药包，即可享受药浴。

• 使用人群

正所谓"寒从脚下起、人老脚先衰"，足浴对以下人群尤其重要，使用人群如下：

睡眠不良、体虚、畏寒者；

贫血、静脉曲张及其他心脑血管疾病患者；

肾虚、胃寒者；

内分泌不良、微循环不畅、少出汗者；

长期站立、久坐或用腿工作者；

四肢寒冷或生活在寒冷地区者；

关节、骨骼、颈椎病患者；

疲劳、精神紧张 皮肤干燥者等。

电暖气 〉

电暖气是一种将电能转化为热能的产品。随着我国供暖制度的改革和人民生活水平的提高，新的采暖方式不断涌现，其中电采暖日益成为不可或缺的采暖方式。目前，国内的电采暖方式主要分为发热电缆地板辐射采暖、电热膜采暖和电暖气等，其中电暖气的发展势头最猛。

• 电暖气分类

电暖气又包括对流式、蓄能式和微循环等3种形式：对流式电暖气以电发热管为发热元件，通过对空气的加热对流来采暖，它体积小、启动迅速、升温快、控制精确、安装维修简便；蓄能式电暖气采用蓄能材料，能利用夜间电价较低时蓄能，白天释放热量，但它体积较大，采暖的舒适性较差；微循环电暖气是利用在散热器中充注导热介质，利用介质在散热器中的循环来提高室内温度的新型电暖气，它运行可靠，采暖效率比较高。在这3种电暖气中，对流式电暖气运用得最为普遍，我们平常在家电卖场见到的民用电暖气几乎都是对流式的。

电暖气的畅销缘于它的众多优点：由于电是清洁能源，所以对流式电暖气无排放、无污染、无噪音，环保性突出；它使用方便，通电即热、断电即停，即使是在有集中供热的北方，电暖气也可辅助供暖。有的智能机型还能定时、定温，可在各个房间自由移动、调节；它高效节能，电能转化率在99%以上，热能利用率更高达100%，能最大限度节约能源；它的购买和运行费用都比较低，计量收费，没有集中供暖收费难的问题。

电暖气从外观上可以分为油汀式电暖气、暖风机和热辐射型暖气：油汀式电暖气是市场上最为常见的电暖气，常见的外形与家中的暖气片组十分相似；暖风机分为浴室型和非浴室型两种，浴室用暖风机体型小巧，送风力强，升温也很迅速，并采用全封闭式设计，能保证使用时的安全；而房间专用的台、壁式暖风机在外形上很像空调；热辐射型暖气在外形上很像电风扇，只是扇叶和后网罩分别被电发热组件和弧形反射器替代了。

● 它让生活具创意

游戏玩不好就要多花钱的游戏洗衣机 〉

它是投币洗衣机与游戏机的结合体，方便用户在洗衣服的同时来一场酣畅淋漓的游戏。有趣的是，你的游戏水平高低将直接决定衣服清洗的时间与费用——若是你不幸输掉了游戏，洗衣机也将停止工作，需要你再次投币之后才能运转。在体验这款新奇的洗衣机之前，你不妨先练习游戏水平。

纯透明显示屏电视机超酷创意透视效果 〉

还记得透明显示器笔记本电脑吗？随着科技工艺不断提升，电视机也可以有那种透明显示器了。当电视未开机时它的整个显示屏幕就像一块透亮的玻璃。通过它精致的透视效果，可以将自己隐藏在电视背景墙中。创意透明电视的设计采用了世界上最新的穿透式有机发光显示技术，可以呈现超高色彩的完美画面。利用这种技术，电视机的整体厚度也真的与一大块厚玻璃相仿。

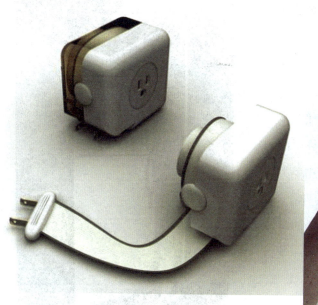

改变室内杂乱电线的创意伸缩
插线板 〉

给新房装修最讲究的是什么？布局。一定要充分考虑好布局，不然的话在装修后你一定会发现有些地方是非常不舒服的，电线接口的不准确就是其中之一，所以经常会出现大量插线板把屋子弄得乱七八糟的情况。设计师从生活中常用的卷尺得到启发，利用可回卷式结构，设计了这款伸缩式电源接线器。它特别采用了扁平的耐磨硅胶电线，既能够保证一定的柔软度，又能起到良好的绝缘效果。电线长度可以根据需要自由伸缩，而且将电线完全收起后，它小巧的体积还便于携带，十分实用。

极简风格设计的电吹风 〉

这是一款按极简风格设计的电吹风。电吹风主体为不带过多修饰弧度的圆筒，并通过黑白两色的明显对比，让吹风筒和电线收纳处这两个功能区就此区隔开来。插头同时兼任电线收纳处的盖子，开关被设置在了把手底部，各个操作按键均被严丝合缝地安置在了电吹风身上，电吹风外形并无凸起按钮，显得尤其圆润。

看起来就会产生寒意的镰刀式吊扇 〉

吊扇在我们眼中似乎多少年来都没有大的变化，最多也就是加上一些简单的修饰，变换一下颜色，并没有太多新意。这款单翼吊扇或许可以让你眼前一亮。它不同于传统的吊扇，只采用单翼的设计，而且把扇翼做成镰刀的样子，让人看着就产生一丝寒意。如此酷的镰刀式单叶吊扇售价也同样可以带来一丝寒意，据说要500欧元。

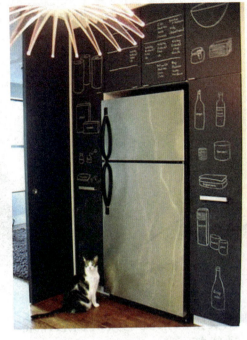

白板笔在上面轻松地涂涂改改。此产品将令广大家庭从此告别蒙昧的冰箱贴纸时代。

我们知道，很多人睡到中午起来都直接去翻冰箱，所以把留言贴在冰箱门上能够保证50%以上的通知到达率，比较有效。

而使用这种白板冰箱，省去了中间"找纸"、"找不到、发火"、"写完了贴上"以及"找不着、不写了"等中间步骤，十分绿色环保。

冰箱其实是用来涂鸦的，白板冰箱登场 〉

这是巴西的公司Consul推出的系列冰箱。它的卖点就是，整个冰箱外壳都可以作为白板——就是跟粉尘很大的黑板相对的没有粉尘的白板——供用户使用

一个液晶电视画面同时看三个电视节目 ＞

LG电子在美国拉斯维加斯会议中心举行的国际试听集成设备与技术2008展会上展出了用一个画面展现3种影像的47英寸全高清液晶面板 "Triple View"。该产品可以在一个屏幕的三个方向显示不同的图像，3名观看者可以分别在左、中、右三个方向观看。

这是否意味着在不远的将来，一个三口之家，丈夫看球赛的同时，妻子可以看时尚类节目，而儿子可以看动画节目，一个电视同时满足3个人的需求，只要再给每个人配备播放相应节目声音的耳机即可。

烤出图案的吐司机 ＞

工业设计师宋裴昌的这个发明，让我们生为普通人，也有办法制造奇迹。他所设计的吐司机，利用USB连接上电脑，能在面包上印上圣母玛利亚（或是其他想要的图片或文字），其原理在于吐司机内部的烘烤支架，能经由电线加热，并在30度的范围内移动，因此能烧出使用者想要的图案或文字。

这款吐司机入围家电业者伊莱克斯所举办的设计比赛决赛名单，目前尚无大量生产的计划，所以到现在为止，只有设计师本人享受过如此烤面包的乐趣了。

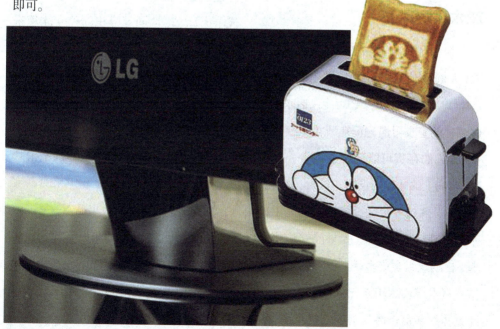

非常新颖的思路，它采用了时下流行的模块化设计。积木模块冰箱底部的底座用来供应电力，使用者可以根据需要随意组合模块。这样一来，不仅可以根据需要调节冰箱的容积，而且由于每个模块都是相对独立的，因此非常适合住在集体宿舍里的人使用。

如果积木模块冰箱制冷系统也是独立模块，那就等于买了很多个小冰箱组成个大冰箱，从同等容积的独立冰箱来比较的话，能源材料效能上讲浪费会比较大，只是用起来小而多样，放大件物品也有限制。

所以，我们不得不赞赏奥地利学生斯特凡·巴斯伯格发明的这个积木模块冰箱。这个共享式设计是在伊莱克斯实验室的年度大赛中的胜出品，一举击败其他8位选手。它的好处是以堆积的模块方式来组合，具备web2.0的时尚外形和良好的定制扩展性能，你可以想象它还可以增加一些其他功能。

积木模块冰箱 〉

如果你有合租或与他人同住的经验，大概会对电视、厨房、洗手间、衣架等事情颇感烦恼，其中还可能包括冰箱。假如你的室友习惯忘记在冰箱里存放的食物，你的存货可能经常也跟着一起遭殃。市场上的冰箱可谓琳琅满目、种类繁多，想要挑选一台完全符合自己需求的冰箱还真得下点功夫。如果能够像搭积木一样随意组合该多好。

积木模块冰箱来自2008伊莱克斯设计大赛的参赛作品就为我们提供了一种

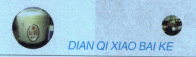
踏板遥控器 〉

要换台或调整音量的时候除了可以使用免触摸遥控器和听话的遥控机器人还有没有其他办法呢?

其实完全可以考虑不用手而用脚新颖的踏板遥控器就可以让你用脚来控制电视。它的两个踏板分别可以用来切换频道和调节音量。有了它,你就再也不必为手脏不方便拿遥控器而担心了。对于手懒的朋友来说真是个好消息。如果做成地毯式的像跳舞毯一样的东西,再加以程序控制上的约束(例如连续用脚点三次才启动,两分钟后进入保护模式)就更好了,既方便搁置也避免错误操作。

家用电子漏风探测器 〉

冬天到了,屋里的暖气好不容易攒了点热气却有可能因为房门或窗户没有关紧一点点地被漏掉。如果床靠近窗户还很容易伤风感冒。不过,要想找出哪里悄悄地在漏风又不是一件很容易的事情,而电子科技漏风探测器就可解决这个问题。

漏风探测器其实是一款感应式温度计,配有一个液晶读数器。只要将它对准可疑漏风的地方,慢慢移动探测器,就可以根据温度的变化找出漏风的地方。而且为了帮助用户更快地查找到漏风点,漏风探测器的屏幕还可以根据温度的变化情况改变颜色。

智能全自动熨裤机 〉

西装是最能够体现男性庄重和威严的服饰，也是最难打理的服饰之一，尤其是西裤必须要给人笔挺和垂直的感觉。这样，就需要有一个好工具来帮助我们将裤子做出"型"。

不仅仅是西裤，通常用洗衣机洗出来的衣服都有个缺点，就是总会皱巴巴的，所以对于像衬衫和正装裤这类的衣物，我们不得不用熨斗熨一下，以使其保持平整，不过熨裤子永远都是一件很费

时费力的工作。现在，有了这款智能全自动熨裤机，你就完全可以彻底解放了。你只需要把裤子在机器上按照要求放置好，然后就等着它来帮你把裤子熨好吧。通过智能控制系统，这款熨裤机可以自动控制温度，以避免使衣服的质地受到伤害。当然，它最突出的一点就是通常熨一条裤子只需要2.5分钟而已。

时尚软体冰箱 〉

　　这款软体冰箱采用了全新的设计，与传统的冰箱完全不同。用户可以根据自己的需要随意调整冰箱的容量和布局。它采用了多个可调节的金属圈以及一根中柱作为冰箱的主体框架。"外衣"是用轻薄的隔热材料作成，可以达到理想的保温效果。其特殊的组成架构还让它具备了便携式冰箱的功能，不光是搬家方便，你甚至可以带着它出去野营，充分享受闲暇时光的乐趣。而且当有这么一款新奇时尚的冰箱放在家里，会让你在朋友眼中成为一个彻头彻尾的时尚达人。

摇摆尾巴的创意小鱼音箱 〉

　　如果你是一个音箱发烧友，那么你一定不能错过这款创意音箱。如果你是一个鱼类爱好者，那么你也没有理由拒绝这个新鲜的玩意儿。设计者将鱼和音箱相融合，创造出了一款适合所有人的酷玩。它将绚丽、可爱、实用、艺术、前卫集于一身，称之为创意佳品毫不为过。

　　这款小鱼音箱有一个USB口进行供电，在开启时，鱼身部分的LED灯会随着音乐进行颜色上的变换，而且鱼尾巴也能够来回进行摆动，形态相当可爱。

怪异的壁挂式洗衣机 〉

　　这样一个新鲜怪异的东西出现在卫生间里，恐怕大部分人会误以为是"手纸架"或是"香皂盒"。不过它的真实用途恐怕会出乎大家的意料。因为它其实是一款壁挂式洗衣机！

　　这是一款非常有新意的概念设计，将洗衣机挂在墙上。不仅非常节约空间，而且也便于使用。洗涤完毕之后，只要将其翻转过来，即可将洗净的衣服一股脑儿地倒出来。

围棋子电磁炉 〉

电磁炉是利用电磁感应原理对含有铁的炊具直接进行加热的。但是炊具中不含任何铁或者想要直接对食物进行加热又该怎么办呢？那就不妨来看看这款新颖的围棋子电磁炉。

它的造型非常有趣，并没有采用传统电磁炉那样非常平整的面板，而是被做成了一个碗，里面还放有很多围棋子样子的鹅卵石。它的基本结构与普通的电磁炉类似，只不过鹅卵石里面含有铁的成分，将它放在电磁炉顶部的陶碗内就可以直接对鹅卵石进行加热。这样一来，就可以将食物放到电磁炉里进行烹制。足不出户也可以体验一下野炊的感觉。由于鹅卵石都是彼此分离的，因此非常容易清洗。

三页纸遥控器——遥控电视、音响、DVD 〉

这个新颖的页式遥控器由来自台湾的陈宏明设计。它由三个（或可称三页）遥控器组成，可分别对电视、音响、DVD进行遥控，轻薄纤巧，就是不知道会不会误操作，比如按电视遥控器的时候压到底下音响遥控器之类的。另外值得一提的是，这种遥控器在每个（或可称每页）遥控器的按键设置上也尽力简化，使它的用户不会受困于过于复杂的按键系统。

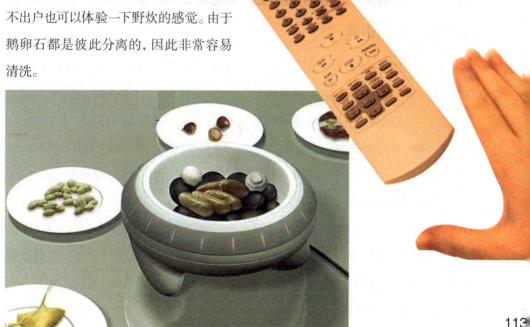

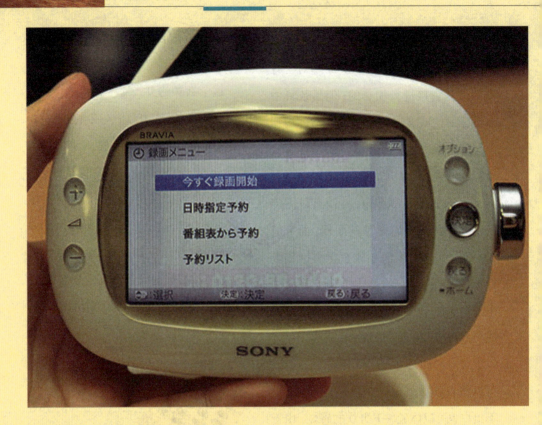

袖珍防水液晶电视 ＞

索尼（SONY）的布雷维亚液晶电视目前在各大电视台大打广告，而如今索尼又推出了一款屏幕为4英寸大小的袖珍液晶电视，型号为XDV-W600，除了防水这一特点，其小巧时尚的外形也非常可爱。

这款新鲜的袖珍防水液晶电视XDV-W600采用天线接收方式收看电视节目，同时可以接收FM/AM电台节目，内置2GB存储空间，最长可以录制10小时的节目，最多支持100个文件。4英寸的WQVGA屏幕，分辨率为480×272，1670万色彩数，外形大小为145毫米×98毫米×42毫米，重量仅为302克。

袖珍防水液晶电视XDV-W600通过充电电池供电工作，充电时间大约7小时，然后可以工作23小时。

因为防水特性且配备了大口径的扬声器，所以在浴室里面使用一点问题都没有。

众遥控器归位 〉

现在，每户人家家里都有好几个遥控器，一不留神还很容易失踪。其实关于遥控器收纳盒的产品不少，很多都是从材料和造型方面来吸引人，没有接触到创意的本质。

这款最新的遥控器就不同了，它很有创意的给遥控器分配好各种颜色的监视器，将其贴在遥控器背面。找不到遥控器的时候，只需要按动"遥控器基地"上相应颜色的按钮，监视器就会发出声音，提示你遥控器的位置，方便找寻。

115

没有扇叶依然凉爽的创意电风扇 ＞

这款创意电风扇相当有意思，独特的工作原理让它摆脱了风扇扇叶这个部件，革新了风扇造型。那么，它是如何制造出凉风的呢？这款创意电风扇通过底座上的机关吸收空气，然后再将空气高速压缩，并通过环状部件释放出来，如此一来，徐徐凉风飘然而至。这种新造型风扇不仅外形靓丽，清理起来也十分方便，安全性也得到了提高。虽然它的创意相当的棒，但在压缩空气并进行释放的时候，空气间的挤压会出现很大的噪音，不知道这款创意风扇是如何解决这个问题，或者它根本就没有解决，纯粹为了创意而制造的。

用定时器帮你省电的创意插线板 ＞

在日常生活中，人们已经越来越注意节省用电的问题，不仅仅使用了节能灯，而且更多的创意节能电器已经被大家搬进了家中，虽然购买的价格相对昂贵，但为了通过节省用电为环保作一份贡献，已经深入人心了。但是，还有一个比较大的问题，就是我们经常会忘记为很多电器关闭电源，这就在无形中造成了一部分浪费。这是一款带发条的插线板。插上插销后，你可以根据需要旋转插销来选择合适的用电时间，时间结束时，插座会自动切断电源。发条式的定时用电构想不仅可以减少电力损耗，还可以有效提高你的工作效率，各种家用电器也因此都带有了"定时功能"。

创意灯饰 >

· "通天塔"灯

"通天塔"有很深的寓意，有一个故事，在大洪水后，所有的人类讲同一种语言，住在同一个地方，在那里他们建立了一个巨大的塔直通天空。上帝不太高兴这个创造，决定惩罚人类并将其分散到世界各地，讲不同的语言。这个词最初是用来表明这种混乱和散射。意大利的设计工作室，利用了大量的木材组件，创造的经典台灯剪影或拆卸组装其他好玩的形状。

· 会跳舞的电子旋律灯

"通天塔"灯

你一定会被右图这些可爱的发光体吸引，它们是设计师吴福明设计的电子旋律灯。由生物可降解材料，LED 和太阳能护壁板制造而成的旋律灯造型简洁可爱，充满舞蹈的韵律，既提供了照明功能也起到了装饰作用。那条长长的发光线可以随意弯曲造型，只要你愿意，每天换一种造型丰富生活也未尝不可。

魔法应急门把灯

· 魔法应急门把灯

能在停电的时候找到自己房间的门也是需要一定本事的，找到出口这其实也是人存在危机感时的一种本能。基于这种本能，这个设计方案就是巧妙地将手电筒在你需要的时候变为一个应急灯，它将帮你在黑暗中找到出口。在夜晚它也能作为 LED 灯来更方便你找到房间门。或者说带给你一种安全感，在危机时候不再找不到方向。把手上的按钮可以方便你取下它，作为一个独立的手电筒使用。门把手、LED 灯及手电筒，它好像会一点小魔法，实用的魔法。现在它只是一个简单的概念，暂时只能上充电锂电池，期待设计师想到更环保、更完美的方法。

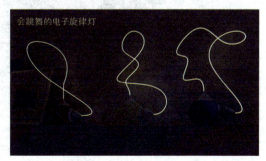

会跳舞的电子旋律灯

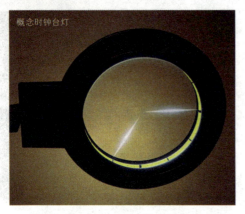

概念时钟台灯

• 时间与光的故事 概念时钟台灯

这是一个有趣的概念台灯，不仅能提供台灯的光源，还能利用台灯的光来打出时钟的光影，双重功能而又充满趣味和智能化。台灯可以通过调节纵横度来变换模式，早上可以是单纯的时钟，到了下午和晚上就可以释放出相应的光源，以供办公和阅读。这就是电子时钟和台灯的完美结合。

• 陶瓷茶杯灯

这个名叫娜塔的灯具是来自设计师坎波斯的创意之作，它的外形是一个已停产的淡白色的经典茶具形态，用来作为灯具比较优雅也不乏新意。这是作者从一家陶瓷厂找到的废弃的模具，以此作品来提倡废物利用，呼吁环保。

陶瓷茶杯灯

• 唯美飞蛾灯

飞蛾扑火，明知自取灭亡还是执意向往。来自设计师米舍尔·特拉克斯莱尔的限量版飞蛾灯具系列就有这么一种意蕴吧，表达着对美丽和光明的向往。该灯具上的飞蛾，全由设计师工作室手工打造，这个灯具上的飞蛾原型是真实的奥地利濒危动物，设计师也借此呼吁大家，蝴蝶虽美丽，但是更需要的是保护而不是捕捉。

唯美飞蛾灯

• 绿色植物玻璃吊灯

这是一个带有两种功能的吊灯，可以作为吊灯也可以用来种植绿色植物。通常我们在室内种植绿色植物总是会由于让植物缺少光线的照射而死去，这款吊灯除了与众不同外就是可以种植植物，在照明的时候就可以使植物进行光合作用。

绿色植物玻璃吊灯

• 唯美气球壁灯

来自台湾"良事设计"设计的创意壁灯，粉淡温馨的灯光给室内环境带来一种温馨的感觉，灯的造型采用的是气球放飞的形态，在家中也是一个非常漂亮的装饰点缀。这款气球壁灯除了灯具的使用功能外，还永远不会漏气的。

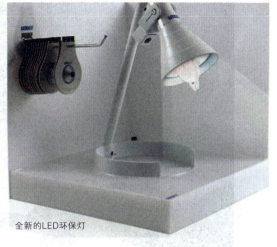

全新的LED环保灯

• 全新的LED环保灯

随着节能减排的提倡，照明灯泡已经慢慢地从原有的白炽灯演变成了节能灯，甚至已经更多地采用了更加节能的LED光源，LED的采用为灯泡带来了一次全新的革命，灯泡不再限制为原来的圆形。不过通常的LED等仍然采用的是塑料的外壳，设计师 Tien Ho Hsu 设计的这款灯，除了节能外，还非常的环保，灯的外壳采用的是可重复使用的循环纸。灯片还可以旋转。该设计参加了2011光宝创新设计奖。

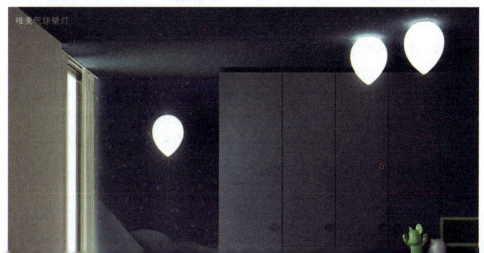

唯美气球壁灯

柔软的LED发光枕头　　　　　　　　　　米奇形象灯泡

• 柔软的LED发光枕头

　　来自日本设计师隆明小口设计的发光
枕头，采用的是一个简单的触摸式开关，
轻轻地触摸就可以控制灯的开启和关闭，
由于采用的是 LED 光源，因此发热已经
不再是我们考虑的问题。这样的产品在
节日的时候使用是不是能增添不少的气氛
呢。获得日本小泉照明设计奖。

• 米奇形象灯泡

　　你一定见过很多米奇形象的产品，米
奇包包、米奇 T 恤等等太多了，但是这款
奇特的米奇灯泡应该是第一次见到吧。创
意酷介绍的这款米奇灯泡是由设计师李宏
曲设计，灯泡采用了大家喜爱的米奇形象，
这样一款灯泡安置在孩子的房间一定会受
到他们的喜爱。

今天你微笑了吗? 变态闹钟 >

今天你微笑了吗? 如果没有, 这个闹钟将会深深地讨厌你和鄙视你。这个微笑闹钟带有面部识别系统, 会根据你的面部表情来关掉它吵闹的声音。如果你愁眉苦脸地面对它, 你就惨了, 它将一直吵你, 直到你给它一个灿烂的笑脸。它有三种模式, 根据你不同的面部表情来调节音量让你以一种积极的心态面对每一天。

哇! 折纸时钟 >

这是日本设计师石屏图希受包装和折纸艺术启发设计的时钟。它有一个新奇的特点就是可以随意折叠, 就像小时候玩的折纸游戏。它是由18个零件镶嵌而成的, 内部和外部有不同的皮肤和花纹, 还可以分开折叠, 不管怎样折叠都是它一个时尚的现代艺术品, 既有生活品质又有趣味性。

最简单的榨汁机 〉

　　设计师森博特·罗格恩把他设计的榨汁机命名为简约榨汁机最低限度的榨汁机，也就直接表达了它最简约的外形和最实用的功能。不同于以往机械化的榨汁机，简约榨汁机就是一个简单的盘子结构的榨汁工具，挤压出的橙汁和果肉直接就可以沿着流线型的边缘轻松地倒进杯子，清洗方便，一气呵成。简单、实用、非机械也环保。

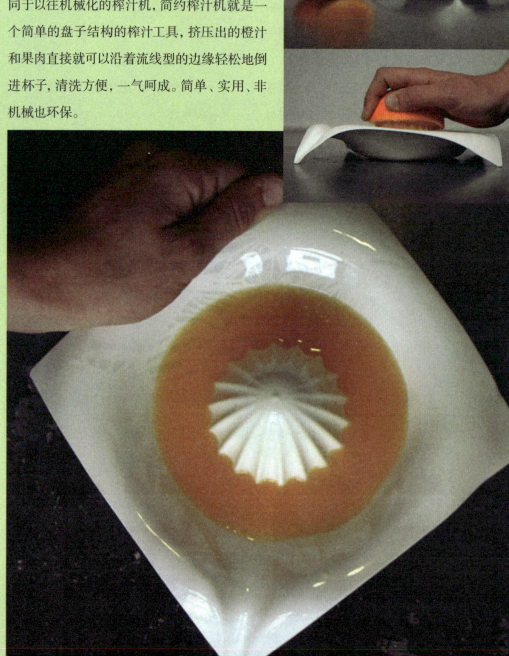

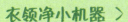

衣领净小机器 〉

一个国家，如果每个家庭的个人都买一台洗衣机，那是一种多么壮观的浪费，对离家独立的年轻白领来说，衬衣一般会更换得比较快，而通常有污渍的却只有衣领和袖口。如果丢进洗衣机，衣服频繁被洗也会很容易导致变形。这个方便的小洗衣机的工作原理和普通洗衣机一样，通过超声波振动、水和干燥机来处理衣物的小面积污渍。它可以帮你洗净衣领袖口或者小面积脏物，等到你的衬衣真的变得又脏又臭的时候，再去全面地洗吧。这样的方式既节约用水也比较省力省电。还能更好地保护你的衣物不变形，很适合白领上班一族。

●电器安全

电器放置环境 >

注意高温环境。

高温的环境会使家用电器的绝缘材料加速老化，而绝缘材料一旦损坏，即可引起漏电、短路，从而导致人身触电甚至引发火灾事故。

注意潮湿环境。

不应将洗衣机长时间放在卫生间内，也不要把家用电器放在花盆及鱼缸附近，还要注意不要在家用电器上放置装有液体的容器，更不得用湿布带电擦洗或用水冲洗电器设备。

注意腐蚀环境。

家电的外壳及绝缘材料受到化学物质的长期侵蚀，会缩短使用寿命，所以电冰箱、洗衣机等家用电器不宜放置在腐蚀性及污染性较严重的厨房内，以免受到煤气、液化石油气或油烟的侵蚀。

注意安全环境。

家用电器一般都应摆放在安全、平稳的地方，千万不要放置在有振动、易撞击的过道处。若放置的地方不安全，一不小心使家用电器遭到剧烈的震动和猛烈的撞击，会使螺丝松动、焊点脱落、电气及机械等零部件移位。甚至会造成家电外壳凹陷开裂、零部件错位、导线断裂等损坏。

家电回收 〉

我们国家是家用电器的消费大国，但是与家电的迅速普及极为不相称的是，中国的废旧家电回收业相当落后。一直以来，回收处理废旧家电的主力军只是一些走街串巷收废品的小贩和一些非法拆解的作坊。

家电中有很多贵重金属，拆解家电的作坊缺乏回收处理的专业知识，工艺落后，有些作坊用酸泡、火烧等原始方式提炼金属，使家电中的有害物质如铅、汞等大量散发，严重污染了环境。另外，有些企业为了牟利，还从国外走私电子垃圾，又使中国的环境付出了巨大代价。

随着世界经济全球化和区域经济一体化趋势的加速以及我国加入世界贸易组织（WTO），家电行业不可避免地要面临一场挑战。"绿色消费"导致了"绿色需求"的不断增长。而"绿色循环"理念强化则是摆在我们面前的一道课题。绿色回收，合理利用，才能持续发展，也才能真正让我们的生活走进绿色。

家电使用年限 〉

彩电：显像管电视，当出现图像不清晰、画面颤抖等情况，就意味着相关元器件出现老化，同时辐射也会增大，一旦遇到碰撞、骤冷、骤热等情况，都能引起显像管爆炸（平板电视出现时间较短，不涉及超龄问题）。

冰箱：出现制冷剂泄漏，运转声音过大，甚至运转时发生较严重颤抖，同时耗电量比以前大增等都是"超龄"化的特征。据悉，一台使用10年后的冰箱，耗电量将变成最初使用时的2倍。

洗衣机：经常出现渗水、漏电等毛病，消费者可考虑换机。

空调：一开机就吹散尘土，吹出的风掺杂着一阵霉味，有的甚至流出黑黑的脏水，这些都在提醒主人：该空调可能已经到使用极限了。

- 家电安全使用年限参考

彩色电视机 8~10 年

电热水器 8 年

空调器 8~10 年

电熨斗 9 年

电子钟 8 年

电热毯 8 年

电饭煲 10 年

电冰箱 12~16 年

个人电脑 6 年

电风扇 10 年

燃气灶 8 年

洗衣机 8 年

电吹风 4 年

微波炉 10 年

电动剃须刀 4 年

吸尘器 8 年

图书在版编目（CIP）数据

电器小百科/孙炎辉编著.—长春：北方妇女儿
童出版社，2015.7（2021.3重印）

（科学奥妙无穷）

ISBN 978-7-5385-9336-5

Ⅰ.①电… Ⅱ.①孙… Ⅲ.①日用电气器具—青少年
读物　Ⅳ.①TM925-49

中国版本图书馆CIP数据核字（2015）第146854号

电器小百科

DIANQIXIAOBAIKE

出 版 人	刘　刚
责任编辑	王天明　鲁　娜
开　　本	700mm×1000mm　1/16
印　　张	8
字　　数	160 千字
版　　次	2015 年 8 月第 1 版
印　　次	2021 年 3 月第 3 次印刷
印　　刷	汇昌印刷（天津）有限公司
出　　版	北方妇女儿童出版社
发　　行	北方妇女儿童出版社
地　　址	长春市人民大街 5788 号
电　　话	总编办：0431 - 81629600

定　价：29.80 元